Angelika Lenz

Unglaublich!
Das Quiz

Verblüffende Tatsachen aus der
Welt der Tiere

in 200 Fragen

MOEWIG

Alle Informationen (insbesondere die Antworten) in diesem Buch wurden mit größtmöglicher Sorgfalt zusammengestellt und auf ihre Richtigkeit geprüft. Wir übernehmen aber keine Haftung oder Gewährleistung für die Richtigkeit und Vollständigkeit dieser Informationen. Haftungsansprüche gegen den Autor sowie gegen den Verlag, welche sich auf Schäden materieller oder ideeller Art beziehen, die durch die Nutzung oder Nichtnutzung der dargebotenen Informationen bzw. durch die Nutzung fehlerhafter und unvollständiger Informationen verursacht wurden, sind grundsätzlich ausgeschlossen, sofern seitens des Autors bzw. des Verlages kein vorsätzliches oder grob fahrlässiges Verschulden vorliegt.

Text: Angelika Lenz, Steinheim an der Murr
Umschlagmotiv: getty images, München

© edel entertainment GmbH, Hamburg
www.moewig.de

Originalausgabe
Alle Rechte vorbehalten
All rights reserved

Printed in Germany
ISBN 978-3-927801-78-3

Einführung

Wissen Sie, wie die Atmungsorgane von Fischen heißen, wie viele Beine eine Spinne hat und wie viele Höcker ein Dromedar? Schön für Sie – aber leider nützt Ihnen das bei unserem Quiz nicht allzu viel. Denn hier wird kein trockenes Schulwissen abgefragt. Hier geht es vielmehr um kuriose Kreaturen und fantastische Phänomene – Dinge, die man nicht für möglich hält, über die man den Kopf schüttelt oder aber herzhaft lachen muss.

Stellen Sie sich 200 fesselnde Fragen und wählen Sie aus vier möglichen Antworten die richtige aus. Die Lösungen stehen jeweils auf der Rückseite. Sie sind mal verblüffend, mal komisch, mal anrührend und mal grausam – aber immer hoch interessant. Testen Sie in diesem Quiz, was Sie bereits wissen, und freuen Sie sich über fesselnde Enthüllungen und spannende Fakten. Hier erfahren Sie Erstaunliches über Paarung und Fortpflanzung, Sie lernen bizarre Verhaltensweisen, tierische Meisterleistungen und spektakuläre Jagd- und Verteidigungsstrategien kennen.

Spielen Sie das Quiz allein oder mit Freunden und Familie in geselliger Runde, gehen sie es systematisch von vorne bis hinten durch oder suchen Sie sich heraus, was Sie besonders interessiert, vergeben Sie für jede richtige Antwort einen Punkt oder auch nicht – es gibt keine festen Spielregeln, außer denjenigen, die Sie selbst aufstellen. Und es gibt nur Gewinner: Sie entdecken Neues, vertiefen Ihr vorhandenes Wissen und haben garantiert jede Menge Spaß dabei. Machen Sie sich nichts draus, wenn Sie mit einer Antwort daneben liegen, denn am Ende sind Sie in jedem Fall klüger – und können in jeder Gesprächsrunde mit Ihrem Wissen über die bunte Wunderwelt der Tiere glänzen.

Und jetzt: Viel Vergnügen beim Überlegen und Raten! Spüren sie die richtigen Antworten auf – aber bitte ohne tierischen Ernst!

Inhalt

Große
Tiere,

kleine
Tiere

Große Tiere,

kleine Tiere

1 Wozu haben Kamele Höcker?

A Damit man sich daran festhalten kann
B Um bei Bedarf davon zu zehren
C Um den schwankenden Gang auszugleichen
D Als Wasserreservoir

Große Tiere,

2 Wie lang ist die kleinste Echse der Welt?

A 0,5 cm
B 1 cm
C 1,6 cm
D 2,5 cm

kleine Tiere

3 Ordnen Sie diese Säugetiere nach ihrer Größe von klein nach groß:

A Nacktmull
B Etruskerspitzmaus
C Hummelfledermaus
D Australischer Zwerggleitbeutler

Antwort 1

B Der Höcker des Kamels enthält nicht Wasser, sondern jede Menge Fett – wenn es gut im Futter steht, bis zu 40 kg. Von diesen Fettreserven kann das Wüstenschiff zehren, wenn es auf seinen Reisen durch die Wüste wochen- oder monatelang keine Nahrung bekommt. Ist das Fettdepot aufgezehrt, hängt der Höcker schlaff herunter – und es wird Zeit für das große Fressen.

Große Tiere,

Antwort 2

C Der Jaragua-Zwerggecko findet bequem auf einem Daumen-nagel Platz. Der Winzling wurde 2001 auf der karibischen Insel Beata entdeckt.

kleine Tiere

Antwort 3

C, B, D, A Die Hummelfledermaus spielt mit 29–33 mm Länge und 2 g Gewicht in der Käferliga. Dicht auf den Fersen folgt die Etruskerspitzmaus mit 35 mm. Fast schon riesig machen sich daneben der Zwerggleitbeutler (60–85 mm) und der Nacktmull (80–90 mm) aus.

4 Wie viel bringt die größte Muschel auf die Waage?

A 55 kg
B 165 kg
C 225 kg
D 550 kg

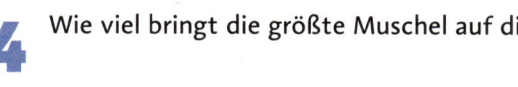

5 Wer tötet pro Jahr die meisten Menschen?
Ordnen Sie die Tiere in aufsteigender Reihenfolge.

A Bienen und Wespen
B Haie
C Krokodile
D Giftschlangen

kleine Tiere

6 Seepocken sind …

A Sturköpfe
B Holzköpfe
C Betonköpfe
D Eierköpfe

Antwort 4

C Satte 225 kg kann die größte Muschel der Welt wiegen – und damit vielleicht mehr als eine vierköpfige Familie mit Hund! Taucher im Westpazifik müssen höllisch aufpassen, denn wenn sie zwischen den beiden Schalenhälften des bis zu 140 cm langen Ungetüms eingeklemmt werden, kommen sie aus eigener Kraft nicht mehr raus.

Antwort 5

D, A, C, B Jedes Jahr sterben 40–50 000 Menschen an den Folgen eines Schlangenbisses, dagegen nur 10–15 durch Haiangriffe. Von wegen Killerhai!

Antwort 6

C Die kleinen Krebstiere betonieren sich als Larven mit dem Hinterkopf regelrecht im Fels, in der Haut eines Wales oder in einem Schiffsrumpf ein und sitzen dann auf Lebzeiten fest. Weil die Zwittertiere nicht auf Partnersuche gehen können, ist ihr Penis doppelt so lang wie ihr ganzer Körper. Der Penis dringt in die Mantelhöhle der Nachbarpocke ein und befruchtet deren Eier. Deshalb sitzen Seepocken dicht an dicht.

7 Welches Tier springt wie ein Gummiball?

A Halsbandleguan
B Katzenfrett
C Buschbaby
D Kurzschnabeligel

8 Wie schnell war Tyrannosaurus rex?

A 40 km/h
B 70 km/h
C 100 km/h
D 150 km/h

9 Warum liegen Nilkrokodile oft mit aufgerissenem Maul da?

A Zwecks besserer Verdauung
B Aus Gründen der Zahnhygiene
C Um ihr Kiefergelenk zu trainieren
D Vor lauter Staunen über vorbeifahrende Kreuzfahrtschiffe

Antwort 7

C Das drollige afrikanische Halbäffchen kann aus dem Stand bis zu 2 m hoch springen, was dem Sechsfachen seiner Körperlänge entspricht. Weil bei der Landung die Energie sofort wieder in Sprungenergie umgewandelt wird, springt das Buschbaby wie auf Sprungfedern durch die Gegend und jedem Feind davon.

Antwort 8

A Der T-Rex ist zwar der populärste fleischfressende Dino, der schnellste war er aber mitnichten. Wissenschaftliche Berechnungen legen den Schluss nahe, dass er bei einem Sprint gerade mal 40 km/h Höchstgeschwindigkeit schaffte. So rasend schnell, wie uns Hollywoodfilme glauben machen wollen, war die Bestie jedenfalls nicht.

Antwort 9

B Das aufgerissene Maul ist eine Einladung an Vögel, Nahrungsreste und Parasiten zu fressen, die zwischen den Zähnen stecken. So bleiben die Zähne gesund – damit sie auch morgen noch kräftig zubeißen können …

10 Welcher Superlativ trifft nicht auf den Sibirischen Tiger zu?

A Er lebt von allen Tigern am weitesten nördlich.
B Er ist die größte Raubkatze der Welt.
C Er hat von allen Tigern im Winter das dickste Fell.
D Er ist die seltenste Tigerart in freier Wildbahn.

Große Tiere,

11 Was bedeutet „Koala" in der Sprache der Aborigines?

A Schläft viel
B Trinkt nicht
C Klettert gern
D Riecht streng

kleine Tiere

12 Was frisst der größte aller Haie, der Walhai?

A Alles, auch leblose Objekte
B Robben und Seelöwen
C Delfine
D Plankton

Antwort 10

D Drei Tigerarten sind durch unerbittliche Jagd und die Zerstörung ihres Lebensraums bereits ausgestorben, den verbleibenden fünf droht vielleicht bald das gleiche Schicksal. Der Südchinesische Tiger ist am unmittelbarsten vom Aussterben bedroht; von ihn gibt es gerade mal noch schätzungsweise 30 Exemplare. Der Bestand der Sibirischen Tiger liegt derzeit bei 400–500.

Antwort 11

B Der Beutelbär ist tatsächlich zu faul, um zum Wassertrinken von seinem Baum herunterzuklettern. Zum Glück ist in den Eukalyptusblättern, von denen er sich ausschließlich ernährt, ausreichend Flüssigkeit enthalten.

Antwort 12

D Der größte Hai, der bis zu 18 m lang werden kann, ist zugleich der friedlichste. Er zieht gemächlich als Filtrierer durch die Meere und begnügt sich mit Plankton. Leblose Objekte verschluckt dagegen der Tigerhai, der deshalb auch den Beinamen „Mülleimerhai" trägt.

13 Spüren Sie die Falschaussage über Seepferdchen auf!

A Es sind Stachelhäuter.
B Der Schwanz ist zum Greifen da.
C Die Männchen kriegen die Kinder.
D Sie haben einen Panzer aus Knochenplättchen.

Große Tiere, kleine Tiere

14 Welche Tierart hat Nasensoldaten und Kiefersoldaten?

A Nacktmulle
B Termiten
C Bienen
D Ameisen

Antwort 13

A Die hübschen Tierchen sind Fische mit einem Panzer aus Knochenplättchen, die unter der Haut sitzen. Mit ihrem Greifschwanz halten sie sich an Wasserpflanzen fest. Bei Familie Seepferdchen ist tatsächlich das Männchen fürs Kinderkriegen zuständig. Das Weibchen legt die befruchteten Eier direkt in seine Bauchtasche, und dort schlüpfen die Jungen nach 4 bis 5 Wochen. Mama und Papa bleiben ein Leben lang zusammen – das muss wahre Liebe sein!

Antwort 14

B Bei beiden Soldatenarten ist der Kopf zur Waffe ausgebildet: Bei den Nasensoldaten ist die Stirn zu einem spitzen, nasenförmigen Fortsatz verlängert, während die Kiefersoldaten kräftige Kiefer mit starken Beißzangen besitzen. Diese Kampfmaschinen sind im Termitenstaat für die Verteidigung zuständig.

15 Wann hüpft eine mexikanische Springbohne?

A Wenn es zu heiß ist
B Wenn es zu kalt ist
C Wenn es zu nass ist
D Wenn es zu windig ist

Große Tiere, kleine Tiere

16 Was ist das Erkennungszeichen des Sternmulls?

A Seine Nase
B Seine Füße
C Sein Schwanz
D Seine Zeichnung

Antwort 15

A Dass der Samen eines mexikanischen Baumes überhaupt hüpfen kann, verdankt er einer winzigen Wicklerraupe, die in ihm lebt. Wenn er in der Sonne liegt, wird es der Larve zu heiß und sie muss den bohnenähnlichen Samen an einen kühlen Platz bugsieren. Das tut sie, indem sie sich in seinem Innern immer wieder krümmt und zurückschnellt. So springt und rollt die Bohne, wie von Zauberhand bewegt, über den Boden, bis sie im Schatten liegt.

Antwort 16

A Die Nase fällt sofort ins Auge: Um die Nasenlöcher sitzen sternförmig 22 fleischige Tentakeln, die aussehen wie eine rosarote Blüte und mit denen der kleine Jäger seine Beute riechen und ertasten kann. Weil der Verwandte unseres Maulwurfs fast blind ist, befummelt er alles mit seinem bizarren Tastorgan.

17 Wer hat als einziges Säugetier ovale Blutkörperchen?

A Braunbär
B Delfin
C Ameisenbär
D Kamel

18 Welcher Vogel hat im Verhältnis zu seiner Körpergröße den längsten Schnabel?

A Brillenpelikan
B Schwertschnabel-Kolibri
C Schiefschnabel-Regenpfeifer
D Ibisschnabel

19 Wer ist das „Einhorn des Ozeans"?

A Schwertfisch
B Narwal
C Weißer Delfin
D Schwertwal

Antwort 17

D Die ovale Form der roten Blutkörperchen bewirkt wahrscheinlich, dass das Blut auch bei hohen Temperaturen dünnflüssig bleibt. Außerdem sind die Blutkörperchen äußerst dehnbar, sodass das Wüstenschiff auf einen Schlag weit über 100 l Wasser tanken kann. Bei jedem anderen Säugetier würden sie dabei platzen.

Antwort 18

B Der Schnabel des Andenvogels ist mit 10 cm länger als sein Körper (ohne Schwanz). Damit kommt der kleine Piepmatz passgenau in den langen Blütenkelch einer Trompetenblume und an ihren köstlichen Nektar. Einen Nachteil hat das Schwert aber auch: Um nicht vornüber zu kippen, muss der Vogel seinen Kopf immer etwas in den Nacken legen.

Antwort 19

B Der gewundene Stoßzahn des männlichen Narwals, der über 3 m lang werden kann, ragt aus der Stirn des Tiers wie ein Horn. Früher verkaufte man die Stoßzähne als Hörner des fabelhaften Einhorns, und Könige und Bischöfe ließen sich daraus ihre Stäbe fertigen.

20 Wie legt die Larve des Ameisenbläulings
Rote Gartenameisen herein?

A Sie gibt sich als Ameisenlarven-Futter aus.
B Sie gibt sich als Ameisennachwuchs aus.
C Sie gibt sich als die Ameisenkönigin aus.
D Sie gibt sich als ein Blatt aus.

Große Tiere,

21 Was stellt der Maki-Greiffrosch selbst her?

A Antiwarzen-Gel
B Eau de Toilette
C Sonnencreme
D Körperpeeling

kleine Tiere

22 Warum kauen Igel manchmal Zigarettenstummel?

A Zur besseren Verdauung
B Zur Stachelpflege
C Um Weibchen zu beeindrucken
D Zur Zahnpflege

Antwort 20

B Normalerweise fallen Rote Gartenameisen über alles her, was sich am Boden bewegt, und fressen es auf. Die Schmetterlingslarve aber sondert einen Duft ab, der sie wie eine Ameisenlarve riechen lässt. In der Annahme, es handle sich um eigenen Nachwuchs, schleppen die Ameisen die Larve in ihren Bau, wo diese sich dann an den Ameisenlarven schadlos hält.

Große Tiere,

Antwort 21

C Weil das Fröschlein in den heißen Tropen Südamerikas lebt und seine Haut vor der Austrocknung schützen muss, produziert es ein fettendes Sekret, das es mit den Beinchen in seine Haut einreibt. So kann es sich stundenlang in der Sonne aalen.

Kleine Tiere

Antwort 22

B Findet ein Igel einen stark und interessant riechenden Gegenstand wie eine Zigarettenkippe oder einen alten Lederschuh, kaut er ihn so lange durch, bis ein schaumiger Speichel entsteht. Diesen trägt er unter ziemlichen Verrenkungen auf sein Stachelkleid auf.

23 Ordnen Sie diese Tiere in aufsteigender Reihenfolge nach ihrem Gewicht!

A Gürtelmull
B Vampirfledermaus
C Goliathkäfer
D Hausmaus

24 Wie kommt der Schwarzkäfer in der extrem trockenen Wüste Namib an Wasser?

A Über sein Futter
B Über seinen Rücken
C Über seinen Urin
D Über seinen siebten Sinn

25 Wie viel Walrat befindet sich im Kopf eines Pottwals?

A 50 l
B 500 l
C 1000 l
D 2000 l

Antwort 23

D, B, A, C Der Käfer ist mit seinem Gewicht von bis zu 100 g schwerer als die drei Säugetiere. Er wiegt mehr als dreimal so viel wie die Hausmaus – und 8 Millionen Mal so viel wie der Kleinste seiner eigenen Art!

Große Tiere,

Antwort 24

B Der Rückenpanzer des Käfers weist viele kleine Noppen auf. Der Käfer stellt sich morgens so in den feuchten Wind, der von der Küste her weht, dass kleine Tautropfen an den Noppen hängen bleiben. Mit der Zeit werden daraus große Tropfen, die dann über die Kuhlen nach vorne ablaufen – direkt in seinen Mund!

kleine Tiere

Antwort 25

D Das sind gut und gerne elf Badewannen voll! Das feinflüssige Öl wird bei Temperaturen unter 31 °C wachsartig fest. Man vermutet, dass der Wal zum Tauchen seine Nasengänge mit kaltem Meerwasser flutet, wodurch das Walrat hart und seine spezifische Dichte erhöht wird. Zum Auftauchen bläst Moby Dick das Wasser aus, und das Walrat wird wieder erwärmt und verflüssigt.

26 Was fehlt weiblichen Faltern wie Frostspanner oder Schlehenspinner?

A Fühler
B Flügel
C Füße
D Fresswerkzeuge

27 Welche Aussage über Flusspferde ist korrekt?

A Sie leben am Nil.
B Sie sind Verwandte der Pferde.
C Sie laufen unter Wasser.
D Sie können gut schwimmen.

28 Womit riechen männliche Kleine Nachtpfauenaugen?

A Mit den Vorderfüßen
B Gar nicht
C Mit den Fühlern
D Mit dem Saugrüssel

Antwort 26

B Die flugunfähigen Weibchen haben einzig und allein die Funktion, Eier zu produzieren und abzulegen. Nur das Männchen hat Flügel – und macht nach der Begattung die Flatter.

Antwort 27

C Schwimmen können die Kolosse nicht wirklich, weil sie im Süßwasser untergehen. Das macht aber nichts, denn sie können gut 10 Minuten auf dem Grund des Flusses laufen, ohne Luft zu holen. Man nennt sie zwar auch Nilpferde, doch sind sie am Nil seit über zwei Jahrhunderten ausgerottet. Und verwandt sind sie nicht mit Pferden, sondern mit Schweinen und Walen.

Antwort 28

C Die Männchen nehmen den Duft eines paarungsbereiten Weibchens noch aus unglaublichen 11 km Entfernung wahr. Das verdanken sie ihren großen, doppelt gefiederten Fühlern, mit denen sie die Duftmoleküle gewissermaßen aus der Luft kämmen. Es geht eben nichts über gute Antennen.

29 Wann „weinen" Krokodile?

A Wenn sie ihre Beute verschlingen
B Bei starken Zahnschmerzen
C Wenn ihr Gefährte gestorben ist
D Wenn sie Schnupfen haben

30 Wie orientieren sich Seehunde in trüben, dunklen Gewässern?

A Mit ihrem Grubenorgan
B Mit ihren Barthaaren
C Durch Echo-Ortung
D Mit ihrem Geruchssinn

31 Welche Aussage über den Pitohui, einen Vogel in Neuguinea, ist richtig?

A Er legt Schlangen in sein Nest.
B Er ist giftig.
C Er nimmt seine Nahrung in die „Hand".
D Er hat kleine Zähne.

Antwort 29

A Krokodilstränen kullern nicht etwa aus Mitgefühl für das Opfer, sondern weil der Jäger sein Maul beim Verschlingen weit aufreißen und wieder zupressen muss. Und dabei wird Druck auf die Tränendrüsen ausgeübt.

Antwort 30

B Die rund 100 Schnurrhaare sind von hochsensiblen Nerven durchzogen, mit denen die Tiere noch die kleinsten Wasserturbulenzen wahrnehmen. Der Seehund folgt einfach der Spur der Verwirbelungen und wird an deren Ende mit einem leckeren Happen belohnt. Mittels Echo-Ortung orientieren sich unter Wasser dagegen die Zahnwale, und ein Grubenorgan zur Wahrnehmung von Infrarotstrahlen besitzen nur Schlangen.

Antwort 31

B Der Pitohui legt weder, wie die Kreischeule, Schlangen ins Nest, die die Jungtiere von Parasiten befreien, noch nimmt er sein Essen wie ein Papagei in seinen Greiffuß. Auch Zähne besitzt er wie alle anderen Vögel nicht. Dafür frisst der hübsche orange-schwarze Vogel giftige Käfer, wodurch er selbst giftig wird und sich Feinde vom Leib hält. Warum er sich dabei nicht selbst vergiftet, weiß man noch nicht.

Meister-leistungen

Weisheit-
übungen

1 Welchen Rekord hält der Roadrunner?

A Schnellster Sprinter unter den Halbaffen
B Schnellster Läufer unter den Flugvögeln
C Geschicktester Läufer unter den Käfern
D Bester Dauerläufer unter den Hasentieren

2 Welcher Trick hilft der Gartengrasmücke, den strapaziösen Rückflug aus dem afrikanischen Winterquartier buchstäblich leichter zu überstehen?

A Der Vogel frisst zwei Tage vor dem Abflug nichts mehr.
B Er nutzt die Thermik und lässt sich von Aufwinden tragen.
C Er lässt während des Flugs seine Innereien schrumpfen.
D Er fliegt in Höhen über 10 000 m.

3 Welches Tier ist lauter als eine startende Rakete?

A Blauwal
B Brüllaffe
C Löwe
D Nilpferd

Antwort 1

B Der Rennkuckuck läuft mit 42 km/h durch die Wüste, und obwohl er fliegen kann, verfolgt er seine Beute lieber zu Fuß. Doch damit nicht genug: er kann bei unverminderter Geschwindigkeit rechtwinklige Kurven schlagen. Kein Wunder, dass der Kojote aus dem Trickfilm keine Chance hat, ihn zu fangen. Meep, meep!

Antwort 2

C Während der weiten Reise verbrennt die Gartengrasmücke nicht nur die Fettpolster, die sie sich eigens für den Vogelzug angefuttert hat, sondern auch einen Teil ihrer inneren Organe, um daraus Treibstoff zu gewinnen. Sobald sie am Ziel angekommen ist, erreichen die Organe schnell wieder die alte Größe.

Antwort 3

A Die Rufe der Blauwale sind mit 188 Dezibel lauter als eine Rakete beim Abschuss (180 Dezibel) oder ein Düsenjet, der schlappe 140 Dezibel schafft. Damit ist der Blauwal das lauteste Tier der Welt. Zum Glück ist der tierische Lärm nur unter Wasser zu hören.

4 Um wie viel Grad kann eine Eule ihren Kopf drehen?

A 180°
B 270°
C 360°
D 450°

 5 Welches Tier ist Weltmeister im schnellen Zungenschuss?

A Ochsenfrosch
B Gabunviper
C Chamäleon
D Wendehals

6 Ordnen Sie diese elektrischen Fische in aufsteigender Folge nach der Stromstärke, die sie erzeugen können:

A Nilhecht
B Zitteraal
C Zitterrochen
D Zitterwels

Antwort 4

B Weil ihre großen Augen unbeweglich sind und die Jägerin der Nacht somit ihre Blickrichtung nicht ändern kann, ist sie darauf angewiesen, ihren Kopf möglichst weit drehen zu können. 14 Halswirbel machen's möglich. Eulenauge, sei wachsam!

Antwort 5

C Hat ein Chamäleon seine Beute fixiert, ist seine Zunge nicht mehr zu halten: Blitzschnell schießt sie hervor, schnappt sich ihr Opfer, und nach gerade mal einer Zehntelsekunde ist es im Maul verschwunden. Die phänomenale Schleuderzunge schafft es, in 20 Millisekunden von Null auf 6 m pro Sekunde zu beschleunigen!

Antwort 6

A, C, D, B Mit weniger als 1 Volt ist die Spannung, die der Nilhecht aussendet, harmlos. Wesentlich gefährlicher sind die Stromstöße von Zitterrochen (200 Volt), Zitterwels (bis zu 400 Volt) und Zitteraal (600 Volt und mehr), mit denen sie Beutetiere oder Feinde betäuben. Menschen kommen diesen Elektroschockern besser nicht zu nah …

7 Wer ist, in Relation zu seiner Körpergröße, Weltmeister im Hochsprung?

A Wiesenschaumzikade
B Katzenfloh
C Laubheuschrecke
D Springschwanz

Meister-

8 Schätzen Sie mal: Welches ist das längste Tier der Welt?

A Schnurwurm
B Netzpython
C Pottwal
D Blauwal

leistungen

9 Welches Raubtier ist so stark, dass es das Dreifache seines Körpergewichts auf einen 6 m hohen Baum hinaufhieven kann?

A Leopard
B Puma
C Gepard
D Königstiger

Antwort 7

A Das nur 6 mm lange und 12 mg leichte Insekt schafft es, sich in Höhen von 70 cm zu katapultieren, und überflügelt damit sogar noch den bisherigen Rekordhalter, den Floh, der mit 3 mm Länge 34 cm schafft. Übertragen auf einen 1,80 großen Menschen, müsste dieser, um den Rekord der Zikade zu halten, auf einen 210 m hohen Wolkenkratzer springen!

Antwort 8

A Obwohl er nicht dicker ist als ein kleiner Finger, ist der Schnurwurm, der in seichten Gewässern der Nordsee lebt, Längen-Weltmeister. Mit bis zu 55 m ist er fast doppelt so lang wie das größte und schwerste Tier, der Blauwal.

Antwort 9

A Die bis zu 90 kg schwere Raubkatze verdrückt ihre Beute nicht an Ort und Stelle, sondern zerrt sie in eine Baumkrone hinauf, wo sie vor anderen hungrigen Fleischfressern sicher ist – selbst wenn sie dreimal so schwer ist wie der Leopard selbst!

10 Wie viele Blüten müssen von Bienen angeflogen werden, um 1 Pfund Honig zu gewinnen?

A 20 000
B 200 000
C 2 Millionen
D 20 Millionen

11 Ordnen Sie diese Tiere nach ihrer Schnelligkeit von schnell nach langsam:

A Dromedar
B Rotes Känguru
C Gepard
D Strauß

12 Welches Tier hält die tiefsten Minusgrade aus?

A Kaiserpinguin
B Polarfuchs
C Zentralasiatisches Yak
D Eisbär

Antwort 10

C Für 1 Pfund Honig müssen die Insekten 1,5 kg Nektar sammeln. Dazu fliegen sie rund 34 000 Mal aus und besuchen etwa 2 Millionen Blüten. Das nennt man Bienenfleiß!

Antwort 11

C, B, D, A Der Gepard ist der schnellste Kurzstreckenläufer unter den Landtieren: Er kann in 3 Sekunden von Null auf über 96 km/h beschleunigen und hängt damit jeden Sportwagen ab. Auf hohe Geschwindigkeiten sind vor allem Wüstentiere angewiesen, denn in der Wüste gibt es keine Deckung. Bei Gefahr bleibt nur die schnelle Flucht.

Antwort 12

B In Versuchen hat man herausgefunden, dass ein Polarfuchs unglaubliche −80 °C überleben kann. Dabei hilft ihm sein kuscheliger weißer Winterpelz, der zu fast zwei Dritteln aus dichter Unterwolle besteht und selbst seine Fußsohlen bedeckt. Kaiserpinguine trotzen noch −70 °C; sie werden von einer Ölhaut und einem dichten Federkleid geschützt – und der Gruppe, die sich dicht an dicht drängt und gegenseitig wärmt.

13 Welcher Zugvogel ist Meister im Langstreckenflug?

A Wildgans
B Kranich
C Küstenseeschwalbe
D Knutt

14 Wer ist der Einstein unter diesen Meeresbewohnern?

A Seeschlange
B Hummer
C Dornenkronenseestern
D Krake

15 Wer ist in der Liga der Säugetiere der schnellste Langstreckenläufer?

A Gepard
B Wildpferd
C Gabelbock
D Grizzlybär

Antwort 13

C Von Pol zu Pol fliegt der elegante Zugvogel und legt, da er kaum die direkte Route wählt, auf seiner jährlichen Wanderung hin und zurück gut und gerne 40 000 km zurück. Das ist einmal um den gesamten Erdball! Rechnet man dann noch die Kilometer hinzu, die er zusätzlich auf der Suche nach Futter zurücklegt, schaffen viele Küstenseeschwalben sogar 50 000 km und mehr.

Antwort 14

D In Experimenten fanden Wissenschaftler heraus, dass ein Krake den Weg durch ein Labyrinth so leicht wie eine Ratte findet und verschlossene Glasdosen aufschrauben kann. Er kann sich Farben und Formen merken und voneinander unterscheiden. Obendrein ist er fähig, durch Beobachtung aus dem Verhalten anderer Artgenossen zu lernen – da hat Octopussi manch einem Zweibeiner was voraus!

Antwort 15

C Nein, kein Raubtier, sondern ein schlankbeiniger Paarhufer hält den Langstreckenrekord. Er ist kaum größer als ein Reh und läuft 800 m mit einem Tempo von 88,5 km/h. Der Gepard schafft auf kurzen Strecken zwar über 96 km/h, wird den Bock aber trotzdem nie kriegen: Der Bock lebt in Amerika, der Gepard in Afrika. Pech gehabt!

16 Welche besondere Fähigkeit zeichnet die
Paradies-Schmuckbaumnatter aus?

A Sie kann sich kugelnd fortbewegen.
B Sie kann stundenlang unter Wasser bleiben.
C Sie kann fliegen.
D Sie kann hören.

17 Wie weit kann ein Fliegender Fisch fliegen?

A 80 m
B 400 m
C 600 m
D 800 m

18 Wer hat die längsten Spermien?

A Elefant
B Hirsch
C Springmaus
D Taufliege

Antwort 16

C Die Schlangen klettern nicht nur behende auf Bäume im südost-
asiatischen Regenwald, sondern können sogar fliegen. Das Tier
schaukelt erst, an seinem Hinterteil aufgehängt, kräftig hin und
her, schnellt mit gestrecktem Körper vorwärts, krümmt sich dann
s-förmig zusammen und schlängelt durch die Luft. Mit diesem
Gleitflug kann es mehr als 10 m zurücklegen. Hören kann es dagegen wie alle Schlangen nicht.

Antwort 17

B Wird der Fisch gejagt, beschleunigt er unter Wasser auf bis zu
30 km/h und schießt, indem er schnell mit dem Schwanz flattert,
bis zu 10 m in die Luft; dabei benützt er seine Brustflossen als
Flügel. Bevor er wieder untertaucht, kann er durch erneutes
Schwanzflattern zum nächsten Gleitflug abheben. Bei einem
Mehrfachflug kann er so gut 40 Sekunden in der Luft bleiben und
bis zu 400 m zurücklegen.

Antwort 18

D Unvorstellbar, aber wahr – ein einzelnes Spermium der Taufliege Drosophila bifurca kann fast 6 cm lang werden, wenn man
es aufdröselt. Das ist das 20-Fache ihrer eigenen Körperlänge und
einsamer Rekord im gesamten Tierreich. Jetzt aber bitte keinen
Neid, meine Herren!

19 Welches große Säugetier will am höchsten hinaus?

A Alpensteinbock
B Yak
C Schneeleopard
D Vikunja-Kamel

20 Was bauen Biber?

A Schlösser
B Burgen
C Dome
D Höhlen

21 Welche Plätze (von 1 bis 4) belegen die Teilnehmer bei einer Gewichtheber-Meisterschaft, wenn man das Gewicht in Relation zur Körpergröße setzt?

A Afrikanischer Elefant
B Nashornkäfer
C Blattschneiderameise
D Mensch

Antwort 19

B Der Yak lebt im Himalaya und im tibetischen Hochland in einsamen Höhen von bis zu 6100 m. Die tierischen Gipfelstürmer kommen im Gegensatz zu den meisten anderen Säugetieren mit der dünnen Luft gut klar, weil sie große Lungen und besonders viele rote Blutkörperchen besitzen, die Sauerstoff transportieren.

Antwort 20

B Biber sind die versiertesten Baumeister unter den Säugern. Nachdem sie im Fluss einen Damm errichtet und dahinter einen künstlichen See gestaut haben, bauen sie aus Zweigen und Schlamm eine Burg mit Dach. Hier sind sie, umgeben von einem Wassergraben, vor Fressfeinden und Kälte geschützt. My home is my castle!

Antwort 21

B, C, D, A Der nur 4 cm große Nashornkäfer kann das 850-Fache seines eigenen Körpergewichts stemmen und ist damit der absolute Champion. Die Blattschneiderameise schafft das 300-Fache, ein menschlicher Bodybuilder immerhin noch das 2,5-Fache, während der Elefant mit einem läppischen Viertel enttäuscht. Um es dem Nashornkäfer gleichzutun, müsste ein Mensch 54 000 kg heben!

22 Schimpansen sind begnadete …

A Chirurgen
B Chiropraktiker
C Heilpraktiker
D Zahnärzte

Meister-

23 In welche Höhen könnte Nils Holgersson auf dem Rücken eines Sperbergeiers aufsteigen?

A 8700 m
B 11 200 m
C 12 300 m
D 14 900 m

leistungen

24 Welches Tier ist der beste Farbenseher?

A Fangschreckenkrebs
B Mäusebussard
C Libelle
D Tintenfisch

Antwort 22

C Schimpansen kennen sich bestens mit der Heilkraft von Wildpflanzen aus. So schlucken sie die ganzen, unzerkauten Blätter bestimmter Pflanzen, wenn sie an Würmern leiden. Die stacheligen Blätter kratzen die Parasiten von der Darmwand und befördern sie nach draußen. Auch Durchfall behandeln die Tiere erfolgreich mit Mittelchen aus der Dschungelapotheke.

Antwort 23

B Sperbergeier lieben Höhenflüge und nutzen dazu Aufwinde. Ein Exemplar geriet in einer Höhe von 11 277 m in das Triebwerk eines Flugzeugs. Das Triebwerk wurde so stark beschädigt, dass man es ausschalten musste. Der Vogel überlebte die Kollision nicht – ging aber als Rekordhalter in der Disziplin „Alle Vögel fliegen hoch!" in die Geschichte ein.

Antwort 24

A Fangschreckenkrebse sehen mit ihren hohen Stielaugen neben 100 000 Farben auch UV-Licht und polarisiertes Licht. Das liegt daran, dass ihre Augen über bis zu 16 Typen von Fotorezeptoren verfügen – unsere dagegen nur über drei. Weil beide Hightech-Augen unabhängig voneinander bewegbar sind, kann der Krebs gleichzeitig seine Beute anvisieren und nach möglichen Feinden ausschauen.

25 Welcher Fisch ist der schnellste Schwimmer?

A Blauer Marlin
B Barrakuda
C Schwertfisch
D Indopazifischer Fächerfisch

26 Wie viele Riechzellen besitzt eine Hundenase?

A 220 000
B 22 Millionen
C 220 Millionen
D 220 Milliarden

27 Welcher dieser tierischen Sänger verdient das Prädikat „Meistersinger"?

A Gibbon
B Seeelefant
C Buckelwal
D Maus

Antwort 25

D Mit kräftigen Seitenbewegungen düst der stromlinienförmige Indopazifische Fächerfisch wie ein Torpedo mit bis zu 109 km/h durchs Wasser – zumindest auf kurzen Strecken. Damit hängt er jeden seiner drei Konkurrenten ab, obwohl auch die zu den schnellsten Fischen zählen.

Antwort 26

C Hunde sind meisterhafte Schnüffler. Ihren 220 Millionen Riechzellen stehen magere 5 Millionen beim Menschen gegenüber. Mit diesem Riecher können Hunde noch die feinsten Duftspuren erschnüffeln und ihren Verlauf verfolgen.

Antwort 27

C Buckelwale singen für ihr Leben gern, vor allem auch wenn sie auf Brautschau gehen. Der Meeresriese bezirzt das weibliche Geschlecht mit harmonischen Liedern, die aus mehreren Strophen und Refrain bestehen – und das bis zu 20 Stunden lang ohne Unterbrechung! So ausdauernd sind Weißhand-Gibbons nicht, doch auch sie sind musikalisch und singen sogar im Chor, um andere vor einem Raubtier zu warnen.

28 Wer ist der schnellste Buddler?

A Spitzmaus
B Maulwurf
C Hamster
D Wühlmaus

29 Welche Meisterleistung vollbringt der Mauersegler?

A Er ist der schnellste Flieger.
B Er legt im Verhältnis zu seiner Körpergröße die größten Eier.
C Er fliegt rückwärts.
D Er paart sich im Flug.

30 Welches Tier macht einen Handstand?

A Feldhase
B Wombat
C Grüner Leguan
D Stinktier

Antwort 28

B Der drollige Geselle schafft es mit seinen großen Schaufel-
händen, auf weichem Boden in sagenhaften 11 Sekunden in der
Unterwelt zu verschwinden. Das macht dem kleinen Tiefbau-
meister keiner nach!

Antwort 29

D Der Zugvogel hält sich fast sein gesamtes Leben in der Luft auf.
Er frisst, trinkt, balzt, schläft und paart sich im Flug. Obwohl er
ein sehr schneller Flieger ist, wird er in dieser Disziplin vom
Wanderfalken geschlagen. Die größten Eier legt in Relation zur
Körpergröße der Kiwi, und Rückwärtsfliegen ist die Spezialität
des Kolibris.

Antwort 30

D Gelingt es dem Stinktier nicht, einen Feind durch seinen
buschigen Schwanz abzuschrecken, dreht es ihm das Hinterteil
zu, springt in den Handstand und spritzt ihm aus seinen
Duftdrüsen eine unerträglich stinkende Flüssigkeit ins Gesicht.
Wetten, dass sich der Angreifer nie mehr an den Stinker
heranwagt?

Tierisches Liebes- leben

Tierisches Liebes-leben

1 Welches männliche Säugetier hat den größten Harem?

A Gorilla
B Rothirsch
C Pottwal
D Nördlicher Seebär

2 Was ist der Grund, weshalb ein Sandtigerhai-Weibchen höchstens zwei Junge zur Welt bringt?

A Nur zwei Eizellen werden befruchtet.
B Nur zwei befruchtete Eizellen können sich einnisten.
C Überzählige Keimlinge sterben im Mutterleib ab.
D Kannibalismus im Mutterleib

3 Welche dieser Damen beißt ihrem Partner bei der Paarung gern mal den Kopf ab?

A Seepferdchen
B Frühe Adonislibelle
C Winkerkrabbe
D Gottesanbeterin

Antwort 1

D Wenn sich der Nördliche Seebär fortpflanzt, dann aber richtig: Ein besonders potentes Exemplar paarte sich auf einer der Pribilof-Inseln vor Alaska in einer einzigen Fortpflanzungssaison mit gut und gerne 160 Seebärinnen.

Antwort 2

D Das Weibchen hat zwei gebärmutterartige Organe, in denen mehrere Jungtiere heranwachsen. Wenn die ersten geschlüpft sind und ihren Dottersack aufgezehrt haben, beginnt ein erbarmungsloser Kampf. Die Geschwister fressen sich gegenseitig auf, bis nur noch die beiden stärksten übrig sind. Eine effektive Art, sich auf das spätere Leben als Raubfisch vorzubereiten!

Antwort 3

D Die Fangschrecke tut das, um bei ihrem Partner einen Muskelreflex anzuregen, durch den er mehr Sperma ausschüttet. Außerdem hat sie während der Eiproduktion einen erhöhten Eiweißbedarf. Während sie ihn von oben her genüsslich verspeist, setzt sein Hinterende die Begattung unentwegt fort.

4 Welche dieser Tiermamas bringt nach 7 Monaten Tragzeit nur ein einziges Junges zur Welt und säugt es 9 Monate lang?

A Stachelschwein
B Erdmännchen
C Vampirfledermaus
D Katzenmaki

Tierisches Liebesleben

5 Was tut ein männlicher Seidenlaubenvogel, um seine Angebetete zu erobern?

A Er bläst seinen Halssack zu imponierender Größe auf.
B Er kämpft mit seinen Konkurrenten in der Balzarena.
C Er stellt sich direkt vor sie und wedelt ihr mit den Schwanzfedern Sexualduftstoffe zu.
D Er baut ihr ein Liebesnest.

Antwort 4

C So lange wie die Vampirfledermaus säugt keine andere Tiermutter in vergleichbarer Größe (sie wiegt gerade mal 15–50 g!) ihr Kleines. Falls die Mama vorzeitig stirbt, wird der kleine Vampir von einem anderen Weibchen adoptiert und mitversorgt. Wenn das kein soziales Verhalten ist!

Tierisches Liebesleben

Antwort 5

D Wie der Name schon sagt, baut er eine kunstvolle Laube, die aus einer Art Allee mit einem Zaun aus Ästen rechts und links besteht. Zum Schluss dekoriert er die Liebeslaube noch mit bunten Beeren, Früchten, Schneckenhäuschen und sogar Blüten. Welche Dame kann da schon widerstehen! Leider aber lässt er sie nach der Vogelhochzeit sitzen …

6 Warum kümmert sich ein Krallenaffen-Männchen um den Nachwuchs der ganzen Sippe?

A Weil Arbeitsteilung herrscht und Männchen den Job von Babysittern haben.

B Weil das Männchen der Vater seiner Nichten und Neffen sein könnte.

C Weil es mehr Spaß macht, mit der ganzen Horde Jungtiere herumzutoben.

D Weil viele Männchen bei Kämpfen mit rivalisierenden Gruppen getötet werden.

Tierisches Liebesleben

7 Wie oft hintereinander begattet ein Löwe seine Auserwählte – mit kleineren Pausen dazwischen?

A 15 Mal

B 30 Mal

C 150 Mal

D 300 Mal

Antwort 6

B Die Äffchen kommen meistens als zweieiige Zwillinge zur Welt und tragen häufig das Erbgut ihres Geschwisters in sich. Manchmal gibt ein Männchen dann mit seinen Keimzellen nicht sein eigenes Erbgut weiter, sondern das seines Zwillingsbruders. Und weil man bei diesen verworrenen Familienverhältnissen leicht den Überblick verliert, behandeln die Männchen alle Jungtiere, als wären sie die eigenen. Man weiß ja nie.

Antwort 7

D Der Liebesmarathon der Löwen kann sich über mehrere Tage ziehen; dabei vereinigt sich das Paar, unterbrochen durch Erholungspausen von 20 bis 30 Minuten, bis zu 300 Mal – allerdings jeweils nur für wenige Sekunden. Gegen Schluss verlassen den Mann aber die Kräfte und er schläft immer öfter ein. Dann erinnert sie ihn mit einem Prankenhieb an seine Pflichten.

8 Welche Aussage über die Kinderstube der Spitzmaus-Beutelratte ist eine Ente?

A Die neugeborenen Jungen sind nicht größer als ein Reiskorn.
B Spitzmaus-Beutelratten haben keinen Beutel.
C Die Zitzen sind in einem Kreis angeordnet.
D Schon nach 5 Tagen sind die Kleinen selbstständig.

Tierisches

9 Schätzen Sie mal: Um wie viel ist ein Löcherkraken-Weibchen schwerer als das Männchen?

A 40 Mal
B 400 Mal
C 4000 Mal
D 40 000 Mal

Liebesleben

10 Wie findet ein neugeborenes Känguru den Weg von der Geburtsöffnung zum Beutel?

A Es folgt seinem Geruchssinn.
B Die Stelle ist unbehaart.
C Gar nicht: Die Mutter setzt es hinein.
D Gar nicht: Der Geburtskanal mündet in den Beutel.

Antwort 8

D Die neugeborenen Winzlinge saugen sich an den kreisförmig angeordneten Zitzen der Mutter fest und krallen sich am Bauchfell fest, weil die Mutter keinen schützenden Beutel hat. So schleppt sie die Mutter wochenlang – und nicht nur 5 Tage – mit sich herum, bis sie schließlich entwöhnt werden. Immer schön bei der Zitze bleiben, Jungs!

Antwort 9

D Weibchen bringen mit 2 m Länge 10 kg auf die Waage, Männchen dagegen mit 2,4 cm Länge nur ein unglaubliches Viertel Gramm! Wenn sich David und Goliath paaren, stößt das Männchen einen mit Spermien vollgepumpten Arm ab, der dann in die Mantelhöhle des Weibchens schwimmt. Für den Miniliebhaber ist der erste Sex seines Leben zu viel der Anstrengung – er haucht danach sein Leben aus.

Antwort 10

A Wie andere Beuteltiere bringen Kängurus ihre Jungen zur Welt, wenn sie noch sehr unentwickelt sind. Nach 30–40 Tagen im Mutterleib muss das nackte, blinde Kleine, das gerade mal so groß ist wie eine Kaffeebohne, zum Beutel krabbeln. Dabei verlässt es sich auf seinen Geruchssinn. Sobald es die schützende Tragetasche erreicht hat, saugt es sich an einer Zitze fest und lässt so schnell nicht mehr los.

11 Welches Weibchen flunkert am besten?

A Springschwanz
B Wasserassel
C Glühwürmchen
D Leuchtkrebs

Tierisches

12 Männliche Geburtshelferkröten sind die perfekten …

A Liebhaber
B Gebärer
C Beschützer
D Hebammen

Liebesleben

13 Welcher Nager hat die kürzeste Tragzeit?

A Wanderratte
B Hausmaus
C Berglemming
D Goldhamster

Antwort 11

C Die Weibchen der Glühwürmchenart Photuris nutzen den Paarungswunsch der Männchen einer anderen Leuchtkäferart schamlos aus: Sie machen das Blinken von Photinus-Weibchen nach und locken damit die fremden Käfer an. Dann vernaschen sie sie – leider im wahrsten Sinne des Wortes.

Antwort 12

B Wahrscheinlich sind die Kröteriche auch gute Liebhaber, in erster Linie aber nehmen sie ihrer Frau das Kinderkriegen ab. Nach der Paarung übernimmt das Männchen die Eischnüre und wickelt sie sich um die Hinterbeine. Es trägt sie so lange mit sich herum, bis die Larven schlüpfen.

Antwort 13

D Syrische Goldhamster haben die kürzeste Schwangerschaft aller Säugetiere: Sie dauert gerade mal 16 Tage. Ein Weibchen bringt pro Wurf meistens 6 bis 8 Junge zur Welt, die nach 6 Wochen selbst mit dem Zeugen beginnen. So kann es ein einziges Pärchen, wenn man es lässt, auf eine riesige Nachkommenschaft bringen.

14 Was verspricht der Hahn der Henne, wenn er sich paaren will?

A Viele Nachkommen
B Futter
C Ein fertiges Nest
D Guten Sex

15 Welche Männchen laufen zu mehreren tage- oder wochenlang einer potenziellen Gespielin hinterher?

A Ameisenigel
B Spitzhörnchen
C Maikäfer
D Adeliepinguine

16 Welche Tiere „spucken" ihre Jungen zur Welt?

A Afrikanische Buntbarsche
B Galapagos-Meerechsen
C Echte Karettschildkröten
D Afrikanische Riedfrösche

Antwort 14

B Ganz schön fies: Er lockt die Henne mit einem Futterruf an. Sie eilt freudig herbei in der Hoffnung auf ein paar fette Körnchen – und wird stattdessen selbst vernascht!

Antwort 15

A Bis zu zehn paarungswillige Ameinsenigel-Männchen laufen in einer Karawane hinter einem einzigen Weibchen her, wenn's sein muss bis zu 4 Wochen lang. Ist sie schließlich bereit, baggern die Rivalen um sie herum einen Paarungsgraben aus, aus dem sie sich dann gegenseitig hinausdrängen. Wer als letzter übrig bleibt, hat gewonnen.

Antwort 16

A Um die befruchteten Eier vor Räubern zu schützen, tragen afrikanische Buntbarsche sie im Maul mit sich herum. Sobald die geschlüpften Jungfischchen frei schwimmen können, spuckt die Mutter sie sozusagen ins Leben.

17 Welche Tiere sind Inzest-Weltmeister?

A Nacktmulle
B Rennmäuse
C Meerschweinchen
D Japanische Wachteln

Tierisches

18 Welche sexuelle Orientierung haben Clownfisch-Männchen?

A Sie lieben Gruppensex.
B Sie sind transsexuell.
C Sie sind asexuell.
D Sie sind pädophil.

Liebesleben

19 Warum lebt eine See-Elefantenkuh gefährlich?

A Der Bulle kann sie beim Liebesspiel totbeißen.
B Er kann sie beim Liebesspiel erdrücken.
C Er kann eine gefährliche Geschlechtskrankheit übertragen.
D Die Nachkommen sind so groß, dass die Kuh bei der Geburt ihr Leben aufs Spiel setzt.

Antwort 17

A Die Inzestrate in einer Nacktmull-Kolonie beträgt 85 %. Die kleinen Glatzköpfe leben als einzige Säugetiere wie Insekten in einer großen Kolonie mit einer Königin an der Spitze. Sie pflanzt sich als einzige fort, was dazu führt, dass die meisten Tiere dieselben Eltern haben und sich Eltern mit ihren Nachkommen paaren.

Antwort 18

B Clown- oder Anemonenfische sind Familientiere. Wenn die Mutter stirbt, vollzieht der Vater eine Geschlechtsumwandlung und wird zum Weibchen. Weil nun aber der Vater fehlt, reift eines der bis dahin noch geschlechtslosen Jungtiere zu einem paarungsbereiten Männchen heran. Noch Fragen?

Antwort 19

B Männliche See-Elefanten sind mit bis zu 4 Tonnen die Schwergewichte unter den Robben. Die Weibchen sind wesentlich kleiner und wiegen nur bis zu 800 kg. Ist eine Kuh nicht willig, wälzt sich der Bulle mit seinem ganzen Gewicht auf sie, was hin und wieder tödliche Folgen hat.

20 Bei welcher Tierart fallen alle Männchen nach einer zweiwöchigen Orgie tot um?

A Kängururatte
B Kaiserskorpion
C Europäischer Ziesel
D Gelbfuß-Beutelmaus

Tierisches Liebesleben

21 Wo brütet das Weibchen des Doppelhornvogels?

A In einem Schaukasten
B In einer Hängematte
C Im Gefängnis
D Im Wasserbett

Antwort 20

D In dieser Zeit haben die Männchen nur eins im Kopf, sodass sie buchstäblich das Schlafen, Essen und Trinken vergessen. Kaum hat sich eine männliche Beutelmaus in den Baumwipfeln stundenlang mit einem Weibchen vergnügt, kommt schon das nächste dran. Doch so viel Sexbesessenheit fordert ihren Tribut: Nach 14 Tagen fällt ein Männchen nach dem andern tot vom Baum. Übrig bleiben die Weibchen – und der Nachwuchs, für den die Herren ja reichlich gesorgt haben.

Antwort 21

C Wenn das Weibchen die Nisthöhle in einem Baum bezogen hat, wird es vom Männchen mit Kot und Lehm eingemauert; dabei hilft die Gemahlin von innen mit. Nur eine kleine Luke bleibt offen, durch die der „Gefängniswärter" das Essen für Mutter und Jungvögel hineinreicht und diese ihre Exkremente hinausschießen. Sobald die Jungen Federn haben, schlägt das Männchen die Mauer auf und befreit die Familie aus ihrem Gefängnis.

22 Wie zirpen männliche Singzikaden?

A Mit den Flügeln
B Mit den Vorderbeinen
C Mit den Mundwerkzeugen
D Mit dem Hinterleib

23 Wie lange paaren sich Afrikanische Elefanten?

A 5 Sekunden
B 50 Sekunden
C 5 Minuten
D 50 Minuten

24 Ordnen Sie diese Tiere in absteigender Reihenfolge danach, wie lange die Weibchen Sperma zur späteren Befruchtung speichern können.

A Truthahn
B Warzenschlange
C Hausschaf
D Landschildkröte

Antwort 22

D Die Männchen tragen an ihrem Hinterleib eine Art „Trommel". Durch zwei starke Muskeln wird die Membran in Schwingungen versetzt – 400 Mal in der Sekunde –, was einen knackenden Ton erzeugt. Um Weibchen anzulocken, musizieren die Zikaden im Orchester.

Antwort 23

B Nicht einmal eine Minute hält der starke Bulle durch, dann ist die Elefantenhochzeit schon wieder vorbei. Dem kurzen Glück folgen 22 Monate Tragzeit für die Kuh.

Antwort 24

B, D, A, C Die langlebigste Samenbank hat die Warzenschlange; dort hält sich Sperma bis zu 7 Jahre lang. Schildkröten können es bis zu 5 Jahre aufbewahren, Truthennen immerhin bis zu 117 Tage. Beim Schaf hingegen geht schon nach 2 Tagen nichts mehr.

25 Wie signalisieren Mäusemännchen Lust auf Sex?

A Sie machen vor ihrer Angebeteten minutenlang Männchen.
B Sie weinen heiße Tränen.
C Sie piepsen ein Liebeslied.
D Sie kitzeln mit ihren Barthaaren das Geschlechtsteil des Weibchens.

Tierisches

26 Wie betreibt das Thermometerhuhn Brutpflege?

A Es bebrütet die Eier 4 Monate lang.
B Es baut zwei Nester.
C Es legt seine Eier in die Sonne.
D Es errichtet einen Bruthügel.

Liebesleben

27 Bei wie vielen Tierarten gibt es homosexuelle Liebe?

A Bei keiner
B 16
C Rund 270
D Über 1500

Antwort 25

B Die Tränenflüssigkeit enthält einen Sexualduftstoff, den das Weibchen beim gegenseitigen Beschnuppern mit einem speziellen Organ an der Nasenscheidewand wahrnimmt. Für alle Fälle verbreitet das Männchen seine Lustbotschaft aber auch noch über den Urin.

Antwort 26

D Weil Hahn und Henne nicht selbst brüten wollen, scharrt der Hahn eine große Mulde in die Erde, füllt diese mit Humus und errichtet darauf einen riesigen Laubhaufen, in den dann die Henne ihre Eier legt. Durch das verrottende Laub entstehen im Inneren Brutkastentemperaturen. Die Eltern müssen nur noch dafür sorgen, dass die Temperatur konstant bleibt.

Antwort 27

D Das ist wissenschaftlich erwiesen. Ein schwules Killerwal-Pärchen, Delfindamen, die ihre Partnerin mit der Schnauze stimulieren, Homo-Schwäne, die sich bis über den Tod hinaus treu sind, oder bisexuelle Zwergschimpansen – alles keine Seltenheit. Wer kann da noch behaupten, die Liebe zum gleichen Geschlecht sei „wider die Natur"?!

Ganz schön kurios

Ganz schön kurios

1 Wer ist der größte Schleimer?

A Erdferkel
B Krallenfrosch
C Achatschnecke
D Inger

2 Welche Tierart züchtet Pilze?

A Krallenaffe
B Beutelmull
C Gemeine Waldschabe
D Blattschneiderameise

3 Aus welchem Teil eines getöteten Pottwals machten sich
Seemänner früher ein Regencape?

A Darm
B Vorhaut
C Gallenblase
D Fluke

Antwort 1

D Fühlt sich der wurmähnliche Inger oder Schleimaal bedroht, sondert seine Haut aus zahlreichen Drüsen gewaltige Mengen Schleim ab, der ihn wie einen Kokon umgibt und vor Angriffen schützt.

Antwort 2

D Die mittel- und südamerikanischen Ameisen zerschneiden Blätter, schleppen sie in ihr Nest und zerkauen sie zu Kompost. Der kommt auf einen Komposthaufen, auf dem Pilze wachsen – die Leibspeise der fleißigen Tiere. Das Pilzgärtlein wird sorgfältig gepflegt und mit Kot gedüngt, damit die Nahrungsquelle nie versiegt.

Antwort 3

B Der Penis eines ausgewachsenen Pottwalbullen kann bis 170 cm lang sein; bei diesen Dimensionen hat die Vorhaut die richtige Größe für einen Regenumhang. Seit 1984 ist der kommerzielle Walfang auf Pottwale international verboten.

4 Warum essen manche Japaner Kugelfisch „für ihr Leben gern"?

A Seine Hoden enthalten hochkonzentriertes Lykopin, das die Potenz steigert.
B Studien belegen, dass regelmäßiger Verzehr das Leben verlängert.
C Haut und Innereien enthalten das Nervengift Tetrodotoxin.
D Das Fleisch enthält große Mengen Tryptophan, ein natürliches Antidepressivum.

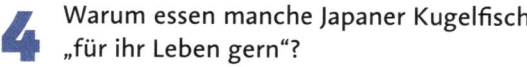

Ganz schön kurios

5 Warum haben Eingeborene, wenn sie im Amazonas baden, vor dem Schmarotzerfisch Vandellia Candiru eine Höllenangst?

A Wenn er sticht, injiziert er ein Gift, das in Sekunden zur Lähmung führt.
B Er dringt bei nackten Badenden in die Harnröhre ein. Wird er nicht entfernt, kommt es zur Blutvergiftung.
C Er beißt sich am Augapfel fest, wenn man taucht.
D Er gelangt über die Nase in den Rachen, wo er die Luftröhre verschließt.

Antwort 4

C Das Gift des Kugelfischs oder Fugu ist um ein Vielfaches tödlicher als Zyankali. In Japan dürfen nur Köche mit spezieller Lizenz den Fisch zubereiten, damit nichts von dem Gift auf dem Teller landet. Leider geben sich immer wieder verzweifelte Menschen „die Kugel": Sie essen mit voller Absicht auch die giftigen Teile, um Selbstmord zu begehen.

Antwort 5

B Der nur 6 cm lange Parasitenfisch kann, wenn man im Fluss Urin lässt, in die Harnröhre eindringen. Herausziehen kann man ihn nicht mehr, weil er nach hinten ausgerichtete Kiemendeckel-Stacheln hat. Da hilft manchmal nur noch die Amputation des Gliedes. Zum Schutz trugen früher manche Indianer Penisüberzüge aus Bast – lieber ein Penis im Bastbeutel als gar keiner.

6 Was ist ein Tigon?

A Ein ausgestorbenes Rüsseltier
B Eine Kreuzung aus Tiger und Löwe
C Eine Seekuh
D Ein Dreizehenfaultier

Ganz schön

7 Was tut der australische Wasserreservoirfrosch den größten Teil seines Lebens?

A Warten
B Sich paaren
C Nahrung suchen
D Sich putzen

kurios

8 Welches dieser Tiere ist der ausdauerndste Küsser?

A Vogelspinne
B Rutenangler
C Ameisenrüssler
D Siamesische Anophelesmücke

Antwort 6

B Für diese Kreuzung wird ein männlicher Tiger mit einem weiblichen Löwen gepaart. Der Name leitet sich von den englischen Bezeichnungen „tiger" und „lion" her. Ein männlicher Löwe und ein weiblicher Tiger ergeben den Liger. Doch warum zusammenführen, was von Natur aus nicht zusammengehört?

Ganz schön

Antwort 7

A Bevor sein Tümpel ganz austrocknet, füllt der Frosch seine Blase und Hohlräume unter der Haut mit Wasser, bis er kugelrund ist. Dann gräbt er sich in den Schlamm ein und wartet auf die nächste Regenzeit. Bis zu 5 Jahre kann er von seinem Wassertank zehren. Leider kennen auch die Aborigines sein feuchtes Geheimnis und trinken ihn, wenn sie durstig sind, einfach aus.

kurios

Antwort 8

B Während das Weibchen des Anglerfischs leicht über 10 kg wiegen kann, bringt das Männchen höchstens 150 g auf die Waage. Hat der Zwerg im dunklen Meer endlich eine Partnerin gefunden, lässt er sie so schnell nicht wieder los. Er hält sie mit seinem Maul so lange fest, bis die beiden Körper zu einem verschmelzen. Der männliche Fisch wird über das Blut des Weibchens versorgt und befruchtet im Gegenzug dessen Eier.

9 Wie entschärfen Bonobos drohende Konflikte?

A Sie entspannen sich beim Sex.
B Sie schlagen auf einen Baum ein, um ihre Aggressionen abzubauen.
C Sie führen Scheinkämpfe, ohne den Gegner zu verletzen.
D Sie „betrinken" sich an gärenden Früchten.

Ganz schön

10 Warum trägt der Schützenfisch diesen Namen?

A Er schießt seine Beute gezielt ab.
B Er wurde im Dezember, dem Monat des Schützen, entdeckt.
C Wegen seiner effektiven Methode, sich vor Fressfeinden zu schützen
D Aufgrund eines Schreibfehlers

kurios

11 Wer pupst am besten?

A Pfeilwurm
B Spritzschlammschnecke
C Bombardierkäfer
D Wundergecko

Antwort 9

A Die Zwergschimpansen sind für ihr ausschweifendes Sexualleben bekannt. Das Liebesspiel dient dabei nicht ausschließlich der Fortpflanzung, sondern hat auch eine soziale Funktion. Die Tiere legen damit Zänkereien bei und sorgen für ein friedliches Miteinander. Make love, not war!

Ganz schön

Antwort 10

A Insekten, die auf einem Blatt über der Wasseroberfläche sitzen, schießt der Fisch mit ein paar gezielten Wasserspritzern einfach herunter. Sie fallen ins Wasser und er muss sie sich nur noch holen. Meisterschützen treffen noch auf eine Distanz von 1,5 m mühelos ihr Opfer. Im Aquarium schießen Schützenfische auch gern Schlammwürmer von der Scheibe herunter.

kurios

Antwort 11

C Das nur 1 cm große Käferlein hat's in sich: Aus Wasserstoffperoxid, Hydrochinon und einem Enzym kann es, wenn etwa ein Vogel Fressabsichten hegt, ein heißes, ätzendes Gasgemisch herstellen, das in einer gewaltigen Explosion aus seinem Hinterleib herausschießt. Vor diesem Riesenpups nimmt jeder Angreifer Reißaus.

12 Warum nennt man Basilisken auch
„Jesus-Christus-Echsen"?

A Sie haben um ihren Kopf einen Kranz, der an die Dornenkrone
Jesu erinnert.
B Sie können übers Wasser gehen.
C Die Zeichnung an ihrem Hinterkopf stellt ein auffälliges Kreuz
dar.
D In ihren Drüsen wird eine Substanz gebildet, der wundersame
Heilkräfte nachgesagt werden.

Ganz schön kurios

13 Wie schaffte es der Perserkönig Kambyses II.
der Legende nach, die ägyptische Stadt Pelusium
im Jahr 525 v. Chr. einzunehmen?

A Die Perser zogen mit Schilden in die Schlacht, vor die lebende
Katzen gebunden waren.
B Wurfgeschosse katapultierten Raubkatzen über die
Stadtmauer.
C Rammböcke brachten die Mauer mithilfe von Elefanten und
Nashörnern zum Einsturz.
D Die Perser schleusten Tausende von Ratten in die Stadt ein.

Antwort 12

B Die Zehen der Echsen sind durch einen Hautsaum verbreitert und berühren das Wasser nur ganz kurz. Damit schaffen es Helmbasilisken, auf ihren Hinterbeinen 10–20 m übers Wasser zu laufen; Streifenbasilisken können sogar über einen 400 m breiten See düsen – mit bis zu 12 km/h!

Antwort 13

A Da den Ägyptern Katzen heilig waren, wagten sie nicht, die Angreifer mit Pfeilen oder Wurfspießen zu attackieren, aus Angst, sie könnten die Tiere verletzen oder gar töten. Dank dieser tierischen Schutzschilde soll Kambyses die Stadt fast kampflos eingenommen haben. Gewusst, wie!

14 Manche Lippfische sind ganz schön …

A Verschlagen
B Verschlafen
C Verschlissen
D Verschlossen

Ganz schön

15 Wie viele Zehen hat ein Straußenfuß?

A Zwei
B Vier
C Sechs
D Sieben

kurios

16 Wie schafft es der Parasit Toxoplasma gondii, von einer Ratte auf eine Katze überzuwechseln?

A Er lässt sich fallen, wenn die Ratte von der Katze verfolgt wird.
B Er unterzieht die Ratte einer Gehirnwäsche.
C Er tötet die Ratte, die dann von der Katze gefressen wird.
D Er lähmt die Ratte, die so zur leichten Katzenbeute wird.

Antwort 14

B Einige Arten dieser Tropenfische schlafen nachts regelrecht; sie graben sich im sandigen Meeresboden ein oder legen sich in einer Felshöhle auf die Seite. Doch damit nicht genug, sie machen sich aus Schleim eine Art Nachthemd, das sie tarnt und dafür sorgt, dass Fressfeinde sie nicht erschnüffeln können. Na dann, angenehme Nachtruhe!

Antwort 15

A Strauße haben ausgesprochen kräftige Füße mit nur je zwei großen Zehen. Beim schnellen Laufen belasten die Vögel nur die größere der beiden Zehen. Das ist vielleicht der Grund dafür, dass sie die schnellsten zweibeinigen Läufer im Reich der Tiere sind. Weniger ist eben manchmal mehr.

Antwort 16

B Der fiese Schmarotzer entert das Rattenhirn und unterzieht das Tier durch Prozesse auf molekularer Ebene einer Gehirnwäsche. Die Ratte entwickelt auf einmal eine heftige Liebe zu Katzenurin, mit fatalen Folgen: Die Katze verspeist den Nager samt Untermieter. Vielleicht wäre das ja eine Möglichkeit, der Rattenplage in manchen Städten Herr zu werden?

17 Welche Tiere haben wandernde Augen?

A Termiten
B Flundern
C Seitenwinder-Klapperschlangen
D Salamander

Ganz schön

18 Welcher dieser Lurche ist ein Schaumschläger?

A Grauer Baumfrosch
B Axolotl
C Grottenolm
D Kreuzkröte

kurios

19 Welches Tier benützt seine Brust als Tisch?

A Pinguin
B Koala
C Seeotter
D Nashorn

Antwort 17

B Wie bei allen Plattfischen liegen die Augen der Larven nach dem Schlüpfen zunächst auf beiden Seiten des Kopfes. Nach ein paar Wochen aber macht sich ein Auge selbstständig und wandert auf die andere Seite. Später legt sich die Flunder auf ihrer blinden Seite flach auf den Meeresgrund. Da bist du platt!

Antwort 18

A Die afrikanischen Grauen Baumfrösche legen ihre Eier in Zweigen über dem Wasser ab. Dazu sondert das Weibchen eine Flüssigkeit ab, die es – mit männlicher Unterstützung – mit den Hinterbeinen zu einem weißen Schaum schlägt. In dieses Schaumnest legt es dann die Eier.

Antwort 19

C Den Großteil seines Lebens verbringt ein Seeotter im Wasser, und hier speist er auch. Er treibt auf dem Rücken im Wasser und legt sich seine Beute auf die Brust; mit geschickten Fingern und auch mal der Hilfe eines Steins knackt er die Schalen von Krebsen und Schnecken und entfernt die Stacheln von Seeigeln, um sich dann das Innere schmecken zu lassen.

20 Was kann der Tokee-Gecko nicht?

A Die Intensität seiner Farbe wechseln
B So laut bellen wie ein Hund
C Eine senkrechte Glasscheibe hinaufgehen
D Eine Ratte überwältigen

Ganz schön

21 Was sind Sanddollars?

A Eine Touristenwährung auf Hawaii
B Seeanemonen
C Seeigel
D Herzmuscheln

kurios

22 Welche Tiersippe leistet sich Babysitter?

A Erdmännchen
B Wildmeerschweinchen
C Chinchillas
D Sattelrobben

Antwort 20

D Der bis zu 40 cm große asiatische Gecko überwältigt nur Tiere bis zur Größe einer kleinen Maus. Dafür klettert er dank seiner Haftzehen senkrechte Wände hoch, wechselt seine Farbschattierung und bellt und knurrt tatsächlich wie ein Hund – und ebenso laut. Solange sein Ruf im Haus ertönt, soll den Bewohnern der Legende nach das Glück nicht von der Seite weichen.

Antwort 21

C Weil sie weder kugelrund noch stachelig sind, sondern platt wie eine Scheibe und an flachen Sandküsten leben, nennt man diese ungewöhnlichen Seeigel Sanddollars. Mit den Skeletten, die häufig an den Strand gespült werden, kann man zwar nichts bezahlen, doch hegt manch ein Kind sie wie einen Schatz.

Antwort 22

A In der Erdmännchenkolonie herrscht Arbeitsteilung. Während die einen Nahrung suchen und die anderen Wache schieben, passen die dritten im „Kindergarten" auf den gesammelten Nachwuchs auf und bringen den Kleinen allerhand Tricks bei, die sie fit für das Leben in der Wüste und Savanne machen.

23 Womit lenkt eine bedrängte Eidechse ihren Angreifer ab?

A Sie rennt im Zickzack hin und her.
B Mit einem bedrohlich aufgeblasenen Kehlsack
C Sie spuckt ihn an.
D Mit ihrem Schwanz

Ganz schön

24 Wer steht Peter Pan am nächsten?

A Koboldmaki
B Eintagsfliege
C Shetland-Pony
D Axolotl

kurios

25 Worin unterscheidet sich der Basenji von anderen Hunderassen?

A Er stammt vom Fuchs ab.
B Er jodelt.
C Er hat von Natur aus keinen Schwanz.
D Er ist Ovo-Lacto-Vegetarier.

Antwort 23

D Um ihre Haut zu retten, kann eine Eidechse an einer vorgebildeten „Sollbruchstelle" ihren Schwanz abstoßen. Weil sich der noch eine ganze Zeit lang heftig hin und her windet, lenkt er das Augenmerk des Feindes auf sich, während die Eidechse das Weite sucht. Das Endstück wächst etwas kleiner wieder nach.

Antwort 24

D Wie Peter Pan, der für immer ein Junge bleibt, wird auch der Axolotl fast nie erwachsen. Er verharrt sein Leben lang im Larvenstadium und verlässt das Wasser nicht. Ein fehlendes Schilddrüsenhormon unterdrückt die Metamorphose. Trotzdem kann er sich fortpflanzen – ganz schön frühreif, der kleine Molch!

Antwort 25

B Der Jagdhund bellt nicht richtig, sondern gibt Laute von sich, die eher wie Jodeln klingen. Oder anders gesagt: Hunde, die jodeln, bellen nicht.

26 Welche Sportart betreiben Stachelschwanzgecko, Stinktier, Krötenechse und die Raupe des Dickkopffalters?

A Kegeln
B Fußball
C Schießen
D Gewichtheben

Ganz schön

27 Warum trägt die Boxerkrabbe diesen Namen?

A Weil sie Beute mit einem Hieb k. o. schlägt
B Weil sie ein Boxerhöschen anhat
C Weil sie Boxhandschuhe trägt
D Weil sie eine starke Rechte hat

kurios

28 Was für ein Tier ist ein Schlammspringer?

A Eine Krabbe
B Ein Schwanzlurch
C Ein Beutelhörnchen
D Ein Fisch

Antwort 26

C Bei Gefahr verteidigen sich die Tiere, indem sie den Angreifer beschießen – ein jedes mit ganz eigenem Geschütz. Die Raupe schießt mit Kotkügelchen, Gecko und Stinktier mit übel riechenden Sekreten und die Echse sogar mit Blut, das aus ihren Augen spritzt. Da hilft nur volle Deckung!

Antwort 27

C Die „Boxhandschuhe" sind zwei Seeanemonen, die die Krabbe auf ihren Scheren trägt. Die giftigen, stacheligen Tentakel sind als Waffe mindestens ebenso effektiv wie ein gezielter Boxhieb. Weil sie ihre Boxhandschuhe ständig anhat, muss die Krabbe allerdings mit den Beinen essen.

Antwort 28

D Dieser Fisch aus den Mangrovensümpfen kann im Wasser und an Land leben, weil er sowohl Kiemen hat als auch Sauerstoff über die Haut und Mundschleimhaut aufnehmen kann. Auf dem Trockenen hüpft der Glupschäugige auf seinen Brustflossen wie auf Füßen herum und klettert sogar Mangrovenschösslinge hoch.

29 Welche Tierart lässt Sklaven für sich arbeiten?

A Amazonenameisen
B Erdmännchen
C Afrikanische Honigbienen
D Breitflügel-Fledermäuse

Ganz schön

30 Welche Delikatesse aus Malaysia schätzt man in China?

A Schleimaal-Sülze
B Vogelnest-Suppe
C Gegrillte Nasenaffen-Nasen
D Überbackene Froschaugen

kurios

31 Warum wird ein erst vor wenigen Jahren entdeckter Krake auch „Karnevalstintenfisch" genannt?

A Weil er eine Maske vor dem Gesicht trägt
B Weil man ihn vor Rio de Janeiro entdeckt hat
C Weil er sich gern verkleidet
D Weil er vor dem Fasten noch mal richtig schlemmt

Antwort 29

A Die Arbeiterinnen dieses Ameisenstaats überfallen die Nester anderer Ameisenarten. Sie schlagen die Bewohner in die Flucht, stehlen die Puppen und schleppen sie ins eigene Nest. Die geschlüpften Hilfsameisen fristen dann ihr Dasein als Sklaven. Die Sklavenhalter selbst wären ohne sie nicht lebensfähig.

Antwort 30

B Salanganen, winzige Seglervögel, kitten ihre Nester in den Tropfsteinhöhlen mit reichlich Speichel. In China kocht man daraus eine gallertartige Suppe. Mit Leitern klettern Sammler die Höhlenwände hoch, um an das „weiße Gold" heranzukommen. Das hat seinen Preis: Ein Kilo getrocknete, verpackte Nester kosten bis zu 500 US-Dollar. In diese Suppe muss keiner mehr spucken!

Antwort 31

C Wohl kein anderes Tier verändert so überzeugend sein Aussehen wie der Mimic-Octopus, der vor der Küste Malaysias entdeckt wurde. Er kann sich, indem er seine Form und Farbe verändert, in die unterschiedlichsten Tiere verwandeln: Mal sieht er aus wie ein Skorpionfisch, dann wieder wie ein Krebs, ein Plattfisch oder eine Seeschlange. Ein wahrer Meister des Verkleidens!

32 Welches Laster haben die Grünen Meerkatzen der Karibik?

A Sie trinken Alkohol.
B Sie rauchen weggeworfene, noch glimmende Zigarettenkippen.
C Sie lieben Peepshows.
D Sie überfallen Touristen.

Ganz schön

33 Wozu benutzen Stare und Amseln Ameisen?

A Zum Trinken
B Zum Baden
C Zum Melken
D Als Köder

kurios

34 Welche Besonderheit haben Glasfrösche?

A Ihre Augen haben die Farbe von Milchglas.
B Sie sind durchsichtig.
C Sie sind extrem zart und zerbrechlich.
D Die Auswüchse auf ihrem Rücken erinnern an bunte Glasperlen.

Antwort 32

A Grüne Meerkatzen, die im 17. Jahrhundert als Haustiere auf die Karibikinsel St. Kitts eingeführt wurden und später verwilderten, haben eine Vorliebe für vergorenes und damit alkoholisches Zuckerrohr entwickelt. Heute holen sie sich ihren Rausch in den Strandbars. Sobald die Gäste weg sind, fällt die Affenbande über die Cocktailreste in den Gläsern her und lässt sich volllaufen.

Antwort 33

B Viele Wildvögel bestreichen ihr Gefieder mit einer Ameise, die sie im Schnabel halten. Manchmal baden sie auch in Ameisen: Sie setzen sich mit ausgebreiteten Flügeln auf einen Ameisenhaufen und lassen die aufgeschreckten Tierchen über ihren Körper krabbeln. Das Ameisengift beseitigt wirkungsvoll Parasiten. Biologen nennen das Ameisenbad Einemsen.

Antwort 34

B Wenn man sie von unten betrachtet, kann man regelrecht in die kleinen Regenwald-Quäker hineinsehen. Die Haut am Bauch ist so durchsichtig, dass Knochen, Muskeln und die Organe durchscheinen. Bei so viel Offenherzigkeit sind sogar die reifenden Eier und das pochende Herz zu erkennen.

35 Wodurch unterscheidet sich der südamerikanische Hoatzin von anderen Vögeln?

A Durch einen Knochenhelm
B Durch Flügelkrallen
C Er ändert seine Gesangsmelodie täglich.
D Er hat kein Gefieder.

Ganz schön

36 Was können Pharaoameisen nicht?

A Große Ameisenhaufen bauen
B Frische Wunden anknabbern
C Salmonellen übertragen
D PCs zum Absturz bringen

kurios

37 Was schätzen südeuropäische Gourmets am essbaren Seeigel?

A Das Muskelfleisch
B Die Stacheln
C Den Kauapparat
D Darm und Geschlechtsorgane

Antwort 35

B Die Jungvögel besitzen an jedem Flügel zwei freie, mit Krallen bewehrte Finger. Damit klettern sie behände mit allen Vieren im Geäst umher. Wenn sich die Flügelfedern entwickeln, bilden sich die Krallen zurück.

Antwort 36

A Da die aus Indien eingeschleppten Schädlinge Wärme brauchen, bauen sie ihr Nest in Mauerritzen oder Holzspalten gut beheizter Gebäude. In Krankenhäusern sind sie gefürchtet, weil sie unter Wundverbände kriechen und viele Krankheitskeime übertragen. In Elektrogeräten wie Computern können sie Kabelbrände und Systemabstürze verursachen.

Antwort 37

D Nachdem man den Stachelpanzer aufgeschlagen hat, löffelt man die gallertartige Masse des Darms und der Geschlechts- organe heraus und beträufelt sie mit Zitrone. Wohl bekomm's!

Fressen und gefressen werden

Fressen und gefressen werden

1 Welches Tier geht mit einer seidenen Angel auf die Jagd?

A Neuntöter
B Australische Bolaspinne
C Gemeiner Süßwasserpolyp
D Tiefsee-Anglerfisch

Fressen und

2 Wie ernährt sich der Seestern?

A Er stülpt seinen Magen durch das Maul nach außen.
B Er raspelt die Nahrung mit seiner Raspelzunge klein.
C Durch seine poröse Unterseite saugt er Wasser ein und filtert Plankton heraus.
D Mit einem gezielten Armhieb schlägt er die Beute bewusstlos und führt sie dann zum Maul.

gefressen werden

3 Wie setzt der Pfeilgiftfrosch sein Gift zum Beutefang ein?

A Gar nicht
B Das Gift wird über die Zunge freigesetzt.
C Er gibt es über seine Haftzehen ab.
D Er spuckt die Beute mit dem giftigen Sekret an.

Antwort 1

B Die Bolaspinne spinnt kein Netz, sondern einen einzelnen Faden aus reiner Seide, der von einem Vorderbein herabhängt. Den Abschluss dieser Angel bildet ein klebriges Kügelchen, das nach Sexuallockstoffen duftet. Sobald eine männliche Motte im Anflug ist, wirft die Spinne ihre Angel aus und die Beute bleibt am Köder kleben. Manchmal sollte man seine Triebe eben zügeln …

Antwort 2

A Die Mundöffnung des Seesterns liegt auf der Unterseite in der Körpermitte. Der Seestern stülpt den Magen nach draußen und verdaut seine Nahrung, vorzugsweise Muschelfleisch, außerhalb des Körpers. Danach zieht er den Magen wieder ein.

Antwort 3

A Das tödliche Gift sitzt direkt in der Haut und dient nur dazu, Fressfeinde abzuhalten. Dafür vergiften kolumbianische Cholo-Indianer damit ihre Jagdpfeile. Ein einziges Fröschlein reicht für 50 Pfeile.

4 Welches Tier führt vor seiner Beute ein Tänzchen auf?

A Tarantel
B Hermelin
C Schwarzbär
D Dachs

Fressen und

5 Was ist die Lieblingsspeise der Königskobra?

A Schlangen
B Menschen
C Fledermäuse
D Antilopen

gefressen werden

6 Wie wehren sich Seegurken gegen einen Angriff?

A Sie stechen mit einer Art Lanze zu, die sie aus ihrem Hinterteil ausfahren.
B Sie stoßen ihre Eingeweide aus.
C Bei Berührung richten sich unzählige Haare mit Widerhaken auf.
D Sie erdrosseln den Feind mit ihren kräftigen Mundtentakeln.

Antwort 4

B Das Hermelin hat eine ganz ausgefallene Jagdstrategie. Manchmal führt es vor Kaninchen oder anderen Beutetieren einen seltsamen Tanz mit Sprungeinlagen auf, den diese gebannt verfolgen. Dabei kommt der Räuber unmerklich immer näher. Die Show findet ein jähes Ende, wenn er seinen Zuschauer völlig unvermittelt anspringt und tötet.

Antwort 5

A Bei der längsten Giftschlange der Welt, die gut 5,5 m lang werden kann und mit dem Gift eines einzigen Bisses 20 Menschen umbringen könnte, kommt mit wenigen Ausnahmen tagein, tagaus das gleiche Gericht auf den Tisch: andere Schlangen.

Antwort 6

B Wenn sie sich gestört fühlen, pressen sie ihre gesamten Eingeweide heraus. In den klebrigen Teilen, die dann im Wasser herumschwimmen, kann sich der Angreifer verfangen. Für die wurstförmige Gurke selbst ist das kein großer Verlust, denn die Organe regenerieren sich nach kurzer Zeit komplett.

7 Mit welcher Waffe verteidigt sich ein Känguru?

A Mit dem Schwanz
B Mit einer spitzen Riesenkralle
C Mit ätzender Spucke
D Mit seinen Reißzähnen

Fressen und

8 Welche Jagdstrategie wendet die Todesotter an?

A Sie gräbt eine Fanggrube.
B Ihr Schwanz täuscht vor, ein Wurm zu sein.
C Sie tarnt sich als Felsbrocken.
D Sie jagt paarweise.

gefressen werden

9 Wie tarnen sich Faultiere?

A Durch Gegenschattierung
B Sie stecken den Kopf ins Fell.
C Mit Algen im Fell
D Sie machen sich ganz lang.

Antwort 7

B Wird ein Känguru in die Enge getrieben, trommelt es mit den Vorderpfoten auf den Angreifer ein und tritt ihn mit voller Wucht mit den Hinterfüßen. Deren vierte Zehe hat eine lange, scharfe Kralle, die ganz schön gefährlich sein kann. Es kam schon vor, dass Riesenkängurus damit Menschen die Bauchdecke zerrissen.

Antwort 8

B Die australische Giftnatter vergräbt ihren Körper teilweise unter Sand, Kies oder Laub. Dann lässt sie die dünne Schwanzspitze wie einen saftigen Wurm zucken und lockt damit ihr Opfer an – eine todsichere Methode. Das Gift der raffinierten Schlange führt in 50 von 100 Fällen auch bei Menschen zum Tod, sofern sie nicht behandelt werden.

Antwort 9

C Die trägen Faulpelze, die am liebsten kopfüber in den Baumkronen hängen, bewegen sich extrem langsam, um ja keine Aufmerksamkeit zu erregen. Zusätzlich helfen ihnen Algen im Pelz, sich unsichtbar zu machen. Diese verleihen ihnen eine blaugrüne Färbung, sodass sie mit dem Blätterdach verschmelzen.

10 Welches Tier passt nicht zu den übrigen?

A Wandelndes Blatt
B Pfau
C Seenadel
D Eulenschwalm

Fressen und gefressen werden

11 Was fressen Möwen nicht?

A Jungvögel
B Asche
C Krabben
D Wale

Antwort 10

B Die anderen drei Tiere geben vor, etwas zu sein, was sie nicht sind. Das Wandelnde Blatt, eine Gespenstschrecke, ist nicht von einem Blatt zu unterscheiden und wippt beim Gehen auch noch sanft mit dem Körper wie ein Blatt im Wind. Die Seenadel, ein Fisch, sieht aus wie das Seegras, in dem sie aufrecht steht, und der Eulenschwalm, ein Vogel, sitzt völlig reglos im Baum wie ein abgestorbener Zweig. Alles gewiefte Schauspieler – bis auf den stolzen Vogel, der zu dem steht, was er ist: ein eitler Pfau.

Antwort 11

B Als Allesfresser fressen Möwen auch Aas und allerlei Abfälle, die sie auf Müllhalden finden, darunter sogar Reste von Schlachttieren. Außerdem wurde beobachtet, wie sich südamerikanische Dominikanermöwen Fetzen aus dem Rücken von lebenden Glattwalen herausbissen. Nur Asche steht nicht auf ihrem Speisezettel – weshalb die Müllverbrennung aus Sicht von Möwe Jonathan keine gute Idee ist.

12 Wie hält der südamerikanische Eulen- oder Bananenfalter Fressfeinde fern?

A Mit Augenflecken auf seinen Flügeln
B Er lebt in Symbiose mit Eulen.
C Mit seinem Stachel
D Er nimmt die Farbe eines Bananenblatts an.

13 Vor wem muss das Great Barrier Reef am meisten Angst haben?

A Zebramuräne
B Weißspitzen-Riffhai
C Dornenkronen-Seestern
D Antennen-Feuerfisch

14 Welcher Singvogel spießt seine Beute auf?

A Eichelhäher
B Raubwürger
C Elster
D Star

Antwort 12

A Die auffälligen Flecken auf seinen Flügeln sehen wie bedrohlich starrende Eulenaugen aus – da suchen sich hungrige Vögel lieber harmlosere Beute.

Antwort 13

C Der rötliche Seestern kriecht mit seinen 14 bis 18 Armen über die Korallenstöcke, stülpt seinen Magen darüber und verdaut alles lebende Gewebe. Nach der Mahlzeit sind nur noch tote Skelette übrig. Die Stachelhäuter haben sich im australischen Riff so rapide vermehrt, dass ganze Korallenbänke leergefressen sind.

Antwort 14

B Wie viele andere Würger legt der Raubwürger regelrechte Vorratskammern an: Er spießt Vögel, kleine Säugetiere und Eidechsen, die er geschlagen hat, auf spitzen Ästchen, Dornen oder auch gleich auf Stacheldraht auf. Offenbar steigen mit gefüllten Nahrungsspeichern auch die Chancen bei den Weibchen.

15 Was spuckt die Speispinne aus?

A Leim
B Seide
C Verdauungssaft
D Schleim

16 Welcher Fleischfresser isst seinen Teller immer leer?

A Tüpfelhyäne
B Wolf
C Jaguar
D Beutelteufel

17 Womit setzt die Kegelschnecke ihren Todesstoß?

A Mit ihrem Fuß
B Mit ihrem Dorn
C Mit ihrem Rüssel
D Mit ihrem Giftstachel

Antwort 15

A Diese Spinne webt kein Netz, um Beute zu fangen. Sie bespuckt sie vielmehr in Sekundenbruchteilen zickzackförmig mit einer Mischung aus Leim und Gift. Diese wird sofort hart, sodass die Beute regelrecht am Boden angeheftet wird und die Spinne in Ruhe ihren Todesbiss setzen kann.

Antwort 16

A Viele Fleischfresser verschmähen gut ein Drittel ihrer Beute, weil sie sie nicht verdauen können. Anders die Tüpfelhyänen: Sie fressen einen Kadaver, etwa den eines Zebras, buchstäblich mit Haut und Haaren auf. Knochen, Hörner, Fell, ja sogar Hufe – Tüpfelhyänen essen brav ihren Teller leer.

Antwort 17

C Die Schnecke mit dem schmucken Haus wartet im Sand oder in einer Felsspalte auf ihr Opfer. Sobald es in greifbarer Nähe ist, setzt sie ihm den Rüssel auf, in dessen Innerem eine Art spitze Harpune verborgen ist. Damit sticht sie zu und lähmt das Tier mit einem Nervengift. Die indopazifische Landkarten-Kegelschnecke kann damit sogar Menschen töten.

18 Welche beiden sind ein eingespieltes Team?

A Nektarvogel und Nektarine
B Aaskäfer und Aasgeier
C Ameisenbär und Ameisenlöwe
D Honigdachs und Honiganzeiger

19 Wie geht der Glockenreiher auf Fischfang?

A Er schnappt mit seinem übergroßen Schnabel zu.
B Er breitet seine Flügel aus.
C Er packt die Beute mit einem Bein.
D Gar nicht; er frisst nur Körner.

20 Welche Tiere halten sich „Melkkühe"?

A Ameisen
B Präriehunde
C Fledermäuse
D Heuschrecken

Antwort 18

D Da der Honigdachs und der kleine Vogel beide Honig lieben, bilden sie eine Arbeitsgemeinschaft: Der Honiganzeiger macht die Nester wilder Bienen ausfindig, lotst den Honigdachs mit besonderen Rufen dorthin, und dieser bricht den Stock mit seinen Klauen auf. Nachdem er ordentlich geschlemmt hat, darf sich der Vogel über das Wachs und die Larven hermachen.

Antwort 19

B Er breitet seine schwarzen Flügel wie einen Mantel über dem Wasser aus. Die Flügel werfen einen Schatten, in dem kleine Fische, die durch die Bewegung aufgeschreckt sind, Schutz suchen. Ein fataler Irrtum.

Antwort 20

A Blattläuse, die sich von Pflanzensäften ernähren, produzieren Honigtau, einen zuckersüßen Sirup, den Ameisen über alles lieben. Deshalb halten sich die Sechsbeiner Blattläuse, die sie regelrecht melken. Im Gegenzug schützen sie ihre „Melkkühe" vor Marienkäfern und anderen Fressfeinden.

22 Wie wehrt sich das Küken des Eissturmvogels gegen Angreifer?

A Es haucht ihn an.
B Es faucht ihn an.
C Es pupst ihn an.
D Es kotzt ihn an.

Fressen und

23 Bis zu wie viele Zähne können manche Haie bekommen?

A 30
B 300
C 3000
D 30 000

gefressen werden

24 Wie entkommt ein Schleuderzungensalamander seinem Angreifer?

A Er springt auf einen Baum.
B Er rollt davon.
C Er schleudert seine Zunge an einen Ast und zieht sich daran hoch.
D Er macht sich glitschig.

Antwort 22

D Nähert sich dem scheinbar wehrlosen Jungvogel ein Raubvogel oder eine Möwe, spuckt es ihm eine Ladung Magensaft ins Gesicht, der widerlich stinkt und das Gefieder des Angreifers verklebt. Der findet das zum Kotzen und dreht ab.

Antwort 23

D Langlebige Exemplare können im Lauf ihres Lebens bis zu 30 000 Zähne kriegen. In ihrem Maul wachsen in mehreren Reihen ständig neue Beißer heran, die an die Stelle der alten, abgenutzten nachrücken. Weil die Zähne des Räubers sozusagen ständig nachgeladen werden, spricht man auch vom Revolvergebiss.

Antwort 24

B Der Schwanzlurch zieht seine Beine ein und kullert wie ein Rad davon. Auch einen Berg rollt er auf diese Art flott hinunter – like a Rolling Stone.

25 Der Speisezettel welchen Tieres fällt hier aus der Rolle?

A Komodowaran
B Meeresschildkröte
C Brillenkaiman
D Meerechse

26 Aus welcher Entfernung trifft der Giftstrahl der Roten Mosambik-Speikobra?

A 0,5 m
B 1,5 m
C 2,5 m
D 3,5 m

27 Welches Tier ortet seine Beute anders als die übrigen drei?

A Wal
B Fledermaus
C Delfin
D Sandskorpion

Antwort 25

D Im Gegensatz zu den anderen drei Reptilien ist die gefährlich aussehende Meerechse ein eingefleischter Vegetarier. Der sanfte Drache gibt sich mit Algen und Tang zufrieden, die er im Meer vor den Galapagosinseln sucht.

Antwort 26

C Die Kobra zielt auf die Augen ihres Feindes, bevor sie ihr Gift abspritzt, und trifft auch noch aus Entfernungen von etwa 2,5 m sehr genau. Das Gift verursacht einen brennenden Schmerz und führt zum Erblinden, wenn man die Augen nicht sofort auswäscht. Die Schlange speit aber nur in Notwehr und wenn der Angreifer sehr groß ist. Dieser Giftspritze sollte man nicht zu nahe kommen!

Antwort 27

D Wale, Delfine und Fledermäuse gehen mithilfe ihres sechsten Sinns auf die Jagd – der Echoorientierung. Die Tiere stoßen, in der Luft oder im Wasser, Laute aus, deren Echo sie auffangen und bewerten. Sandskorpione verlassen sich dagegen auf ihren Vibrationssinn, mit dem sie ihre Beute im Sand lokalisieren.

28 Wie geht die Portia-Spinne auf die Jagd?

A Sie lauert unter einer selbst gebauten Falltür.
B Sie jagt unter Wasser.
C Sie jagt in fremden Netzen.
D Sie wirft ein Netz über ihr Opfer.

Fressen und

29 Wem springt das Essen im Sommer in den Mund?

A Der Schneeeule
B Dem Schnabeltier
C Dem Kodiakbär
D Dem Afrikanischen Erdferkel

gefressen werden

30 Wie tötet ein Netzpython?

A Durch eine Giftspritze
B Durch eine Umarmung
C Durch Genickbruch
D Durch einen Biss

Antwort 28

C Die Beute der Portia sind andere Spinnen, die sie mit einem Trick hereinlegt. Bei manchen Arten zupft sie in einem besonderen Rhythmus am Netz, so wie es die Männchen dieser Arten tun. Das Weibchen, das im Netz sitzt, erwartet ein paarungsbereites Männchen, in Wirklichkeit aber kommt die todbringende Portia.

Antwort 29

C Zur Zeit der Laichwanderung der Lachse nehmen die Bären an den Flüssen in Küstennähe Stellung. Wenn die flussaufwärts ziehenden Lachse kleine Wasserfälle überspringen, muss Meister Petz nur noch das Maul aufreißen und sie sich im Flug schnappen. Wie im Schlaraffenland!

Antwort 30

B Wenn die bis zu 115 kg schwere Riesenschlange ihr Opfer mit den Kiefern gepackt hat, windet sie ihren starken Körper um das Tier herum und quetscht es in einer tödlichen Umarmung langsam zu Tode. Immer, wenn das arme Tier ausatmet, verstärkt sie den Druck, bis es schließlich erstickt ist.

31 Wie ernähren sich Rote Mordwanzen?

A Raubmordend
B Fallen stellend
C Stechend und saugend
D Parasitisch

32 Was macht die Bartagame mit ihrem „Bart", wenn sie angegriffen wird?

A Sie verspritzt daraus Gift.
B Sie wirft ihn ab.
C Sie klappt ihn über den Kopf.
D Sie stellt ihn auf.

33 Wie verteidigt sich der Kalifornische Seehase?

A Mit Tinte
B Mit Spucke
C Mit Giftpfeilen
D Mit seinen Löffeln

Antwort 31

C Die Wanzen haben einen Stechrüssel mit zwei Kanälen, einen zum Spritzen und einen zum Saugen. Zuerst stechen sie zu und injizieren ihren giftigen Speichel in den Körper des Opfers, etwa einer Fliege, der das Tier zersetzt. Danach saugen sie es aus.

Antwort 32

D Die australische Echse nimmt eine drohende Haltung ein, reißt ihr Maul weit auf und stellt ihren mit spitzigen Stacheln besetzten Kehlsack auf. Angesichts dieses imposanten „Vollbarts" lässt der Feind lieber von seinem Vorhaben ab.

Antwort 33

A Der Kalifornische Seehase ist eine große Meeresnacktschnecke und hat somit keine Löffel. Wenn er in Bedrängnis gerät, stößt er eine purpurfarbene Tintenwolke aus, die seinem Angreifer die Sinne vernebelt und ihm selbst die Chance gibt, zu entwischen. Der Feind fischt derweil weiter im Trüben.

34 Wer trägt stets ein Hackebeil bei sich?

A Wildschwein
B Schwertschwanz
C Marabu
D Sägefisch

35 Was tun manche Krähen und Raben, um Nüsse zu knacken?

A Sie lassen schwere Steine darauf fallen.
B Sie hebeln sie mit einem spitzen Stock auf.
C Sie benutzen ihren kräftigen Schnabel als Nussknacker.
D Sie legen sie auf Zebrastreifen.

36 Welches Wassertier ist der schnellste Beutesauger?

A Die Kaulquappen des Zwergkrallenfroschs
B Ammenhai
C Anglerfisch
D Krake

Antwort 34

C Auch die anderen Tiere haben gefährliche Waffen, der Marabu aber kann mit seinem scharfen, kräftigen Riesenschnabel die Bauchdecke toter Tiere richtiggehend aufhacken und das Fleisch wie ein Metzgermeister in kleine Portionen zerlegen.

Antwort 35

D Sie lassen die Nüsse einfach von Autos überfahren. Sobald Fußgänger die Straße überqueren und keine Gefahr droht, dass sie selbst überrollt werden, holen sich die Raben den nahrhaften Inhalt. Ganz schön gerissen!

Antwort 36

C Der Anglerfisch lockt Beutefische mit Angel und Köder an. Die Angelrute ist ein Anhängsel zwischen den Augen, an deren Ende eine fischähnliche Köderattrappe zappelt. Will sich ein Fisch den Köder schnappen, saugt ihn der Angler in einer 6000stel Sekunde ein – so irrwitzig schnell, dass die anderen Fische des Schwarms häufig gar nichts davon mitkriegen.

Sammel-surium

Sammel-surium

1 Warum haben Flamingos ein rosa Gefieder?

A Weil sie bestimmte Kleinkrebse fressen
B Weil ihr Körper das rote Farbpigment selbst herstellt
C Weil sie so auf die Welt kommen
D Weil ihnen das Pigment Melanin fehlt und sie deshalb einen Dauer-Sonnenbrand haben

2 Warum heißt die Vogelspinne Vogelspinne?

A Weil das Muster auf ihrem Rücken wie ein Vogel aussieht
B Weil sie auch kleine Vögel verspeist
C Weil sie von einem Ast zum andern durch die Luft fliegen kann
D Weil sie von Vögeln gefressen wird

3 Welche dieser Aussagen über Kraken stimmt nicht?

A Sie können sich durch Öffnungen quetschen, die nur so groß sind wie eines ihrer Augen.
B Ein einziger Blauring-Krake könnte 26 Menschen auf einmal töten.
C Krakenweibchen kümmern sich fürsorglich um ihre Jungen.
D Kraken können 50 Jahre und älter werden.

Antwort 1

A Flamingos ernähren sich von mikroskopisch kleinen Tieren und Pflanzen, darunter auch Algen und bestimmten Flusskrebschen. Diese enthalten große Mengen des roten Farbstoffs Canthaxanthin, der sich im Federkleid ablagert. Neu geschlüpfte Junge sind noch unscheinbar grauweiß gefiedert.

Antwort 2

B Eine Naturforscherin veröffentlichte 1705 die Zeichnung einer bis dahin unbekannten Spinne, die auf Surinam einen kleinen Vogel fraß. Carl von Linné nannte sie später Aranea avicularia (von avis = Vogel). Tatsächlich stehen auch kleine Vögel auf ihrem Speisezettel.

Antwort 3

D Kraken werden nur wenige Jahre alt. Richtig ist dagegen die Aussage über den Blauring-Kraken. Wenn er zubeißt, gibt er einen hochgefährlichen Giftcocktail ab. Der Giftvorrat eines einzigen Tiers würde ausreichen, um 26 erwachsene Menschen zu töten. Die Kraken, die sich tatsächlich durch Öffnungen quetschen können, die einen Bruchteil ihres Umfangs ausmachen, sind sehr liebvolle Eltern.

4 Was geschah mit Ham, dem ersten Schimpansen, der 1961 von Amerikanern in den Weltraum geschickt wurde?

A Er starb an einer Panikattacke.
B Er überlebte den Flug ins All, doch die Kapsel zerglühte beim Wiedereintritt in die Erdatmosphäre.
C Er ertrank bei der Wasserung der Kapsel im Meer.
D Er kam wohlbehalten wieder zurück.

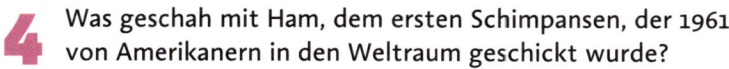

Sammel-

5 Was ist eine Portugiesische Galeere?

A Eine Hunderasse
B Eine Steinkoralle
C Eine Staatsqualle
D Ein mittelalterliches Kriegsschiff

surium

6 Welches Tier ist ein direkter Nachkomme von Tyrannosaurus rex?

A Nilkrokodil
B Komodowaran
C Spatz
D Lederschildkröte

Antwort 4

D Der Raumflug des 4-jährigen Schimpansen dauerte 18 Minuten. Zur Belohnung gab es einen Apfel und eine halbe Orange. Den Rest seines Lebens, immerhin noch 23 Jahre, verbrachte er im Zoo. Der erste Amerikaner im All – ein Primat!

Antwort 5

C Die Staatsqualle besteht aus bis zu 1000 Einzeltieren. Ihre Fangarme reichen bis zu 12 m ins Wasser und sind mit giftigen Nesselkapseln bestückt, deren Gift auch Menschen töten kann. Selbst tote Exemplare, die an den Strand geschwemmt wurden, können noch stechen.

Antwort 6

C Vögel und nicht Reptilien sind die direkten, heute lebenden Nachfahren von T-Rex und Co., wie vergleichende Untersuchungen der Knochenstruktur belegen. Aus den Schuppen einiger Raubsaurier wurden im Lauf von Jahrmillionen Federn. So gesehen sind die Dinos also gar nicht ausgestorben …

7 Welche Insekten wären die perfekten Darsteller in einem Hitchcock-Film?

A Siebzehnjahr-Zikaden
B Dolchwespen
C Glühwürmchen
D Totengräber

Sammelsurium

8 Welcher dieser Fische ist kein Fantasiegeschöpf?

A Pelikanaal
B Kormoranrochen
C Albatroshai
D Möwenschwertfisch

Antwort 7

A Nach 17 Jahren in der Erde schlüpfen die nordamerikanischen Zikaden und fallen buchstäblich zu Milliarden über die betroffenen Gebiete her. Da lassen Hitchcocks „Vögel" grüßen! Anders als diese aber kommen sie in friedlicher Mission: Sie halten Hochzeit und sterben kurz danach. Vorher aber legen die Weibchen noch schnell ihre Eier in der Rinde von Bäumen ab. Daraus entstehen Larven, die sich auf die Erde fallen lassen – und nach 17 Jahren beginnt das Schauspiel von Neuem. Rette sich, wer kann!

Antwort 8

A Der Echte Pelikanaal hat ein riesiges, sackartiges Maul, das an den Schnabel eines Pelikans erinnert. Er schwimmt mit weit geöffnetem Maul durch die Tiefsee und fängt damit wie in einem Fangnetz kleine wirbellose Tiere. Der größere Schlinger, ebenfalls ein Mitglied der Familie Pelikanaal, kann mit seinem Großmaul Beute verschlingen, die zehnmal so viel wiegt wie er selbst. Manchmal ist das aber doch zu viel des Guten und er versucht, seine üppige Mahlzeit wieder auszuwürgen.

9 Welche Aussage über den Viperfisch ist Seemannsgarn?

A Er kann seine Kiefer aushängen und so Beute verschlucken, die fast so groß ist wie er selbst.
B Er zählt zu den aggressivsten Raubtieren der Tiefsee.
C Er kann bis zu 1,35 m lang werden.
D Er hat überlange, spitze Zähne, mit denen er seine Beute aufspießt.

10 Wer besitzt am meisten Halswirbel?

A Eule
B Braunbär
C Giraffe
D Blauwal

11 Welches dieser Tiere ist am konservativsten?

A Der Pfeilschwanzkrebs Limulus
B Das „Perlboot" Nautilus
C Die Zungenmuschel Lingula
D Die Brückenechse Sphenodon

Antwort 9

C Der furchterregende Monsterfisch wird nur 25 cm lang. Klein, aber bissig!

Antwort 10

A Die Anzahl der Halswirbel ist bei fast allen Säugetieren von der Spitzmaus bis zum Wal gleich: sieben. Ausnahmen sind zum Beispiel die Eulen, die ihren wendigen Hals 14 Halswirbeln verdanken.

Antwort 11

C Alle vier Tiere sind lebende Fossilien, die sich über Millionen Jahre kaum verändert oder weiterentwickelt haben. Die meisten Jahre hat Lingula auf dem Buckel: Sie führt seit fast 500 Millionen Jahren ein genügsames Leben am Meeresboden. Eigentlich ist die Überlebenskünstlerin gar keine richtige Muschel, sondern ein Armfüßer.

12 Woran orientieren sich Zugvögel auf ihren Flügen nicht?

A Sonne
B Mond und Sterne
C Luftdruck
D Magnetlinien

13 Was macht der Lippenbär mit seinen Lippen?

A Pfeifen
B Drohen
C Einen Schmollmund
D Ein Saugrohr

Antwort 12

C Das Federvieh kann sich nach drei „Kompassen" richten: der Sonne, der Drehung des Sternenhimmels im Lauf der Nacht und seinem Magnetsinn. Dieser „sechste Sinn" hilft den Wanderern sozusagen bei der Feinjustierung. Man vermutet, dass sie das Magnetfeld der Erde regelrecht sehen können.

Antwort 13

D Der asiatische Bär bricht mit seinen Krallen Termiten- und Ameisennester auf. Dann streckt er seine Lippen vor und spitzt sie zu einer Art Staubsaugerrohr, bläst damit erst mal den aufgewirbelten Staub weg und saugt die Leckereien dann geräuschvoll ein. Beim Blasen und Saugen hilft ihm eine große Zahnlücke in der Mitte von Ober- und Unterkiefer.

14 Was sind Kloakentiere?

A Ursäuger
B Tiere, die in der Kanalisation leben
C Riffbewohner
D Stinktiere

15 Warum hat der Fennek (Wüstenfuchs) so große Ohren?

A Um Wasser zu speichern
B Um Vibrationen im Sand zu hören
C Um sich abzukühlen
D Zum Schutz seiner Augen

16 Wie transportiert das Rosenköpfchen, ein afrikanischer Papagei, sein Nestbaumaterial?

A Es stopft so viel es kann in seinen aufgerissenen Schnabel.
B Es hält es mit beiden Krallen fest.
C Es steckt es sich ins Gefieder.
D Gar nicht: Es legt sein einzelnes Ei auf einen Baumast.

Antwort 14

A Zu den primitiven Säugetieren, die nur in Australien und Neuguinea leben, zählen das Schnabeltier und der Ameisenigel. Im Gegensatz zu höheren Säugetieren bringen sie keine lebenden Jungen zur Welt, sondern legen Eier mit weicher Schale. Die Kloake ist ein gemeinsamer Körperausgang für Darm, Harn- und Geschlechtsorgane.

Antwort 15

C Wie andere Füchse oder Hunde kann der Wüstenfuchs nicht schwitzen. Deshalb gibt er die Hitze seines Körpers über seine langen Lauscher ab.

Antwort 16

C Das Weibchen knabbert Rindenstreifen von frischen Weidenzweigen ab, steckt sie sich ins Bürzelgefieder, streicht dieses glatt und fliegt zum Nest. Weil dabei immer wieder welche herausfallen, muss es ganz schön oft hin und herfliegen.

17 Womit rasselt die Klapperschlange?

A Mit den Zähnen
B Mit dem Grubenorgan
C Mit dem Schwanz
D Mit der Zunge

18 Was sind Seemäuse?

A Eine erst vor Kurzem entdeckte Klasse der Stachelhäuter
B Ausgestorbene Gliederfüßer
C Mäuse, die schwimmen können
D Die Eihüllen bestimmter Haiarten

19 Was besitzt das Schnabeltier als einziges Säugetier?

A Kiemen
B Einen knochigen Panzer
C Einen Giftstachel
D Eine Bademütze

Antwort 17

C Die Rassel sitzt am Schwanzende und besteht aus mehreren verhornten Ringen, die beim Rasseln aneinander gerieben werden, und zwar bis zu 60 Mal in der Sekunde! Dieses Warnsignal sollten Angreifer ernst nehmen und sich aus dem Staub machen.

Antwort 18

D Vor allem Hunds- und Katzenhaie legen ihre Eier in feste durchsichtige Hüllen, die mit fadenähnlichen Fortsätzen an Felsen aufgehängt werden. Nach 8 bis 9 Monaten schlüpfen daraus die Jungen. Die verlassenen Hüllen werden manchmal an den Strand gespült.

Antwort 19

C Männliche Schnabeltiere haben an den Hinterfüßen hohle Hornstachel, die mit einer Giftdrüse am Oberschenkel verbunden sind. Die Bekanntschaft mit dieser Giftspritze ist äußerst schmerzhaft, wie schon der eine oder andere Tierpfleger im Zoo feststellen musste.

20 Wofür brauchen die Männchen des Nördlichen Seeelefanten ihre Speckschicht in erster Linie?

A Zum Schwimmen
B Zum Fasten
C Für Sumo-Ringkämpfe
D Gegen die Kälte

Sammel-

21 Was machen Beduinen mit Kameldung?

A Die Wüste düngen
B Verbrennen
C Rauchen
D Liegematten

surium

22 Welche Tierfamilie bildet eine verbissene Kette?

A Graugänse
B Braunbrustigel
C Feldspitzmäuse
D Meerschweinchen

Antwort 20

B Während der dreimonatigen Paarungszeit verlässt ein Männchen seinen Harem nicht einmal, um im Meer Essen zu fassen – es könnte ja ein Anderer daherkommen und seine Kühe begatten! Da fastet der Robbenmacho doch lieber und reduziert sein Gewicht mal eben um bis zu einer Tonne.

Antwort 21

B Frisch ausgeschiedener Kameldung ist nicht feucht wie ein Kuhfladen, sondern so trocken, dass man damit gleich ein Lagerfeuerchen machen kann.

Antwort 22

C Damit keines der Kleinen verloren geht, wenn die Familie ihr Versteck wechselt, bildet der Spitzmausclan eine Kette. Jedes Jungtier beißt sich an der Schwanzwurzel seines Vordermannes fest und der vorderste am Hinterteil der Mutter. Dann marschiert die Mutter los und zieht den ganzen „Rattenschwanz" hinterher.

23 Welches Mittel wird in der chinesischen Medizin gegen Rheuma eingesetzt?

A Seepferdchen
B Tigerknochen
C Zikadenpanzer
D Nashorn-Horn

24 Worauf sollte man im Flachwasser des Indischen Ozeans ganz besonders achten?

A Algen
B Steine
C Seepocken
D Schwämme

25 Finden Sie die Lüge über die Trichternetzspinne von Sydney!

A Sie kommt nur in der Umgebung von Sydney vor.
B Sie gilt als tödlichste Spinne der Welt.
C Sie kann in Swimmingpools 30 Stunden unter Wasser ausharren.
D Es gibt kein Gegengift.

Antwort 23

B Pulverisierte Tigerknochen stehen in der traditionellen chinesischen Medizin immer noch auf der Medikamentenliste, obwohl der Verkauf von Tigerprodukten offiziell verboten ist. Die vom Aussterben bedrohten Tiere werden heute illegal getötet und erzielen horrende Schwarzmarktpreise. – Auch alle anderen genannten Mittel sind Teil der chinesischen Medizin.

Antwort 24

B Leicht kann man einen Steinfisch übersehen, der sich am Boden meisterhaft als bewachsener Stein tarnt. Wenn man darauf tritt, geben die Drüsen an seinen Flossenstacheln ein extrem starkes Gift ab, das zu Nervenlähmungen und Herzstillstand führen kann.

Antwort 25

D Nicht wenige Menschen sind am Gift des 4 cm langen Achtbeiners gestorben, als man noch kein Gegengift hatte. Das Männchen, dessen Gift sechsmal stärker ist als das des Weibchens, dringt auf der Partnersuche oft in Häuser ein und lauert auch manchmal im Pool.

26 Welches Großtier wird dem Menschen in Afrika am gefährlichsten?

A Löwe
B Elefant
C Gepard
D Flusspferd

Sammel-

27 Was registriert eine Sardine mit dem Seitenlinienorgan?

A Licht
B Druckwellen
C Elektrizität
D Gerüche

surium

28 Wer kuschelt sich gern in giftige Seeanemonen?

A Winkerkrabben
B Clownfische
C Doktorfische
D Schellmuscheln

Antwort 26

D Der pflanzenfressende Koloss ist äußerst reizbar. Wenn er seine 4 Tonnen auf 32 km/h beschleunigt und wie ein Rammbock einsetzt, haut das den stärksten Mann um, und die 50 cm langen Eckzähne geben ihm den Rest. Durch Flusspferde sterben in Afrika mehr Menschen als durch jedes andere Tier.

Antwort 27

B Eine Sardine nimmt in Sekundenbruchteilen die kleinen Druckwellen wahr, die bei einer Richtungsänderung ihrer Nachbarn entstehen. Und weil jede Sardine sofort die Richtungsänderung nachmacht, bewegt sich der ganze Schwarm scheinbar wie ein einziger großer Fisch.

Antwort 28

B Clownfische leben in Symbiose mit Seeanemonen, deren giftige Tentakel andere Tiere sofort töten. Sie aber haben eine besondere Schleimschicht auf der Haut, die sie gegen das Nesselgift unempfindlich macht. Deshalb suchen sie bei drohender Gefahr zwischen den Fangarmen Schutz.

29 Welche Tiere machen high?

A Aga-Kröten
B Moschusschildkröten
C Taranteln
D Fetzenfische

30 Aus dem Produkt welches Tiers stellte man früher feines Garn her?

A Weberspinne
B Steckmuschel
C Schneidervogel
D Zitronenfalter

31 Woher hat der Palmendieb seinen Namen?

A Er gräbt junge Palmtriebe aus, um sie mit den Wurzeln zu verspeisen.
B Er frisst am liebsten verfaulte Kokosnüsse.
C Er benutzt Palmwedel zu Tarnung.
D Er benutzt Palmwedel zur Verteidigung.

Antwort 29

A Die Kröten sondern zu ihrer Verteidigung mit ihrem Hautsekret Bufotenin ab, einen Stoff, der beim Menschen ähnlich wie LSD oder Meskalin Halluzinationen hervorruft, nur schwächer ausgeprägt. Angeblich gibt es Menschen, die die Haut der Kröte ablecken, um high zu werden. Pfui Kröte!

Antwort 30

B Aus dem Haftsekret der Steckmuschel Pinna nobilis wurde Muschel- oder Seeseide gewonnen. Durch aufwendige Verarbeitung wurde aus den Haftfäden, dem Byssus, ein goldglänzendes, seidiges Garn. Weil die Muschel heute unter Schutz steht, wird kaum noch Seeseide produziert.

Antwort 31

B Der Palmendieb ist das größte und schwerste an Land lebende Krebstier. Er kann 4 kg wiegen und eine Beinspannweite von 1 m erreichen. Zu seinen Leibspeisen zählen herabgefallene, verfaulende Kokosnüsse; wenn keine da liegt, klettert er auch auf die Palme, um sich mit der begehrten Leckerei zu versorgen.

32 Wer ist der Taufpate des Teddybären?

A Dr. Edward Bach
B Theodore Roosevelt
C Teddy Kollek
D Theodor Storm

Sammel-

33 Welche Seevögel sind die „Piraten der Lüfte"?

A Kormorane
B Fregattvögel
C Trottellummen
D Basstölpel

surium

34 Welche Tiere wohnen in selbstgebauten Städten?

A Präriehunde
B Wombats
C Biber
D Maulwürfe

Antwort 32

B Als der US-Präsident 1902 auf Bärenjagd war und seine Begleiter ihm nach langer erfolgloser Pirsch endlich einen Jungbären vor die Flinte trieben, der seine Mutter verloren hatte, weigerte sich „Teddy" Roosevelt, diesen zu erlegen. Ein Karikaturist griff die Geschichte auf und zeichnete Roosevelt fortan nur noch mit „Teddys Bär". Schon ein Jahr später wurden die ersten Teddybären produziert.

Antwort 33

B Die Fregattvögel überfallen andere Vögel im Flug oder wenn sie aus dem Wasser auftauchen, und luchsen ihnen ihre Beute ab. Sie verfolgen sie so lange, bis sie ihr Essen fallen lassen, und attackieren sie notfalls auch mit Schnabelhieben.

Antwort 34

A Die nordamerikanischen Nager bauen weit verzweigte unterirdische Städte, die aus mehreren Bezirken bestehen und viele tausend Einwohner haben. Bevor sich die Europäer im „wilden Westen" niederließen, war ein geschlossenes Gebiet von 65 000 km² mit über 100 Millionen Präriehunden besiedelt. Die Metropole war damit fast so groß wie Bayern!

35 Warum greift ein Weißer Hai Menschen an?

A Aus Spaß am Töten
B Aufgrund eines Missverständnisses
C Um sie zu fressen
D Aus reiner Bosheit

Sammelsurium

36 Welches dieser Tiere lebte nie auf der Erde?

A Säbelzahntiger
B Hasenhirsch
C Hippogreif
D Giraffenkamel

Antwort 35

B Haie sind keine Killermaschinen, die es auf Menschen abgesehen haben. Sie ernähren sich am liebsten von Robben, und da kann es schon mal vorkommen, dass sie einen Surfer damit verwechseln. Sie greifen auch Taucher an, die einen blutenden Fisch am Gürtel haben, weil sie ihn irrtümlich für Beute halten. Die Gefahr, durch Haie getötet zu werden, wird maßlos übertrieben: Sehr viel eher wird man vom Blitz erschlagen.

Antwort 36

C Der stolzen Mischung aus Pferd und Adler begegnet man nur in Harry-Potter-Romanen. Die anderen Tiere aber sind keine Fantasiegeschöpfe. Der Hasenhirsch – ein hasengroßer Minihirsch – lebte vor 16 Millionen Jahren in Bayern, das langhalsige Giraffenkamel vor 10 Millionen Jahren in Nordamerika. Der Säbelzahntiger Smilodon war mit seinen bis zu 20 cm langen Eckzähnen einer der gefährlichsten Räuber der Eiszeit.

37 Warum haben Aasgeier kahle Köpfe?

A Aus Gründen der Aerodynamik
B Als Schutz vor Infektionen
C Um damit Paarungsbereitschaft zu signalisieren
D Zur besseren Vitamin-D-Aufnahme

38 Woran berauschen sich Braune Makis?

A Katzenminze
B Tausendfüßler
C Fliegenpilze
D Kokablätter

39 Wie bekunden Hulmans, die heiligen Äffchen Indiens, einander ihr Vertrauen?

A Sie wenden dem andern ihr Hinterteil zu.
B Sie gähnen.
C Sie schauen sich tief in die Augen.
D Sie schauen demonstrativ aneinander vorbei.

Antwort 37

B Aasgeier senken ihren Kopf tief in blutige, verwesende Kadaver, die voller Keime stecken. Im Gefieder könnten diese sich ausbreiten, doch auf der Glatze haben sie keine Chance gegen die Sonne, die sie austrocknet und abtötet.

Antwort 38

B Die auf Madagaskar lebenden Affen beißen die Krabbeltiere behutsam auf und verstreichen den austretenden giftigen Saft auf ihrem Fell, um sich von Schmarotzern zu befreien. Als Nebeneffekt fällt das Tier in eine Art Rausch, der gut eine Viertelstunde dauert.

Antwort 39

D Bloß nicht angucken, lautet die Devise. Denn wenn ein Hulman das tut und dabei womöglich noch die Zähne bleckt, ist was im Busch. Übersetzt heißt das: „Ich traue dir nicht über den Weg, Freundchen, und behalte dich genau im Auge!"

40 Die folgenden Namen bezeichnen ein und dasselbe Tier in verschiedenen Lebensstadien. Bringen Sie sie in die richtige Reihenfolge:

A Glasaal
B Silberaal
C Weidenblattlarve
D Gelbaal

Antwort 40

C, A, D, B Flussaale sind Wandervögel, die in der Sargasso-See im Atlantik laichen. Die Larven gelangen mit dem Golfstrom bis zu 6000 km weit an die Küsten Europas und Afrikas, wo sie sich in kleine transparente Fische (Glasaale) verwandeln. Mit der Zeit werden sie gelb-braun (Gelbaale), wachsen und wandern die Flüsse hinauf. Nach 9–15 Jahren im Süßwasser werden sie schwarz und silbrig und fressen nichts mehr. Der Kreislauf schließt sich, wenn die Silberaale zum Ort ihrer Geburt zurückschwimmen, um dort zu laichen und zu sterben.

Wollen Sie
noch mehr
wissen?

Das Wissensquiz

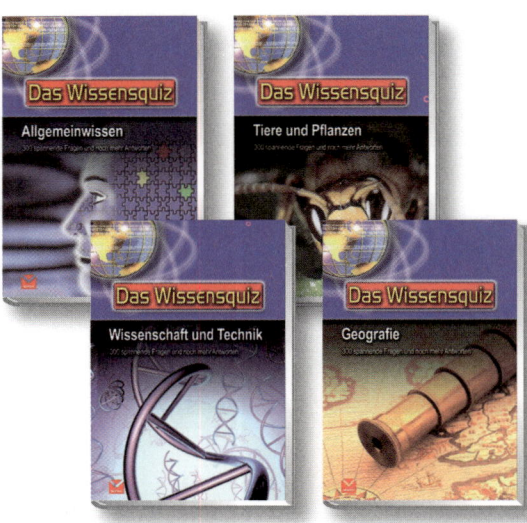

Allgemeinwissen
ISBN 978-3-927801-28-8

Tiere und Pflanzen
ISBN 978-3-927801-29-5

Wissenschaft und Technik
ISBN 978-3-927801-30-1

Geografie
ISBN 978-3-927801-31-8

Jeder Band:
160 Seiten, Broschur
durchgehend 4-farbig
Format 14,5 x 21,5 cm
€ 7,95/sfr 15,-

Unglaublich! Das Quiz

Verblüffende Tatsachen
rund um den Menschen
ISBN 978-3-927801-79-0

Verblüffende Tatsachen
aus der Welt der Tiere
ISBN 978-3-927801-78-3

Jeder Band:
160 Seiten, Broschur
durchgehend 4-farbig
Format 14,5 x 21,5 cm
€ 7,95/sfr 15,-

Der Jahrzehnte-Test

Die 70-er Jahre
ISBN 978-3-927801-39-4

Die 80-er Jahre
ISBN 978-3-927801-40-0

Jeder Band:
160 Seiten, Broschur
durchgehend 4-farbig
Format 15,0 x 17,0 cm
€ 7,95/sfr 15,-

MOEWIG